La Raison Gourmande: Philosophie du goût

By Michel Onfray

本书获得法国对外文教局的版税资助。

Cet ouvrage a bénéficié du soutien des Programmes d'aide à la publication.

美食家的理性

La Raison Gourmande: Philosophie du goût

Michel Onfray

[法]米歇尔·翁弗雷 著

管宁宁 钟蕾莉 译

上海人民出版社

序　言

食物的自传、续篇及待续

在我的记忆中，有一个星期天，天冷冷的，下着雨，大概在深秋季节，或是寒意凛凛、飘着绵绵细雨的初冬。父亲在地里忙着。父亲的老板让他开垦成一块菜地。原来的一畦荒地被吞噬，经过开垦形成了一幅广袤的土地，面积够得上领取国家津贴了：一切都消失了，被连根拔起、被掠夺、被摧毁，杂乱地掩埋在一地荒芜中。植物的根，还有一片片被秋天腐烂的落叶，一切回归到正在消解蔬果残渣的泥土里。腐殖土被挖开了一个个洞，种下的蔬菜根部垒着土堆，仿佛那块地开垦出来是用来做公墓的。还记得那天下着雨，一场永远都属于诺曼底，寒意沁入骨髓的雨。

父亲冒着密雨忙碌了一整天。他的蓝色人造革衣服被雨淋湿而变得沉甸甸。从上衣、肩膀和背上像水汽般散发出一股淡淡的味道。中午，他回来吃饭，像往常一样沉默；而我，是一个喜欢说话、对任何细微征兆都会感到不安的孩子，在我眼中，他将沉默推至令人极其绝望的境界。喝完一杯热气腾腾的咖啡，他又踏上了那条路，走向坑坑洼洼的田地，整个下午他都在地里翻土。在那片用栅栏围起来，未来将变成菜圃的地里，他一干就是好几个小时。我躲在土地旁的旧木屋后看着他弯着腰，坚定用力地用铲子翻土，一下一下富有规律。尽管那时我只是个孩子，但已经知道这种腐殖土和未来埋葬人们肉体的土壤是一样坚硬的。

他是否知道儿子正站在木棚屋的角落后，看着浑身淋湿的父亲弯腰专注于手中的工具，以自己的方式孤独、勤劳而勇敢地颂扬土地而心疼他呢？在后来的若干年里，我已经长成少年，甚至是青年，仍不止一次看见父亲，但我从来不打扰他。他在地里为老板播种、收割、翻耕，永远都在忙着极为普通、随着四季轮回而不断重复的工作。尽管父亲终日劳筋苦骨，胼手胝足，与终将埋骨的黄土亲密接触。而我却始终希望他能在这样的尘世间再活得久一些。

他的耕种使雏形渐显出来：这块土粒细碎的地，换作别人会用厚犁铧马虎地翻耕，但在他的手下变成了一个菜园。在附近所有的菜园里，我一直认为他的菜园是最美的：用栽植绳辟出，规整、笔直、干净。他把所有的菜畦都围上细绳，沿着绳子用手掌刃划出线，接着等距离地播下了种子。不久后，这些种子将萌出新芽，将菜园点缀得似一片星空或海域。

当天晚上，天空一如白天的阴沉，细雨绵绵。他给母亲看了一块犁地时找到的黄色小硬币。他用沾满泥土的粗大手指夹着这块硬币。硬币也和泥土粘在一起，亦如他的灵魂和肉体。硬币被投入水中，渐渐显露出它的秘密：这不是一块铜币，而是一枚金路易。父亲露出了微笑，这是他唯一一次流露出情绪的征兆。他告诉我们兄弟俩，他在读小学时就从一位他非常崇拜的老师那里学习了一首拉封丹的寓言《农夫和他的儿子们》，寓言讲述的就是这样一个类似的故事。他回忆了一会儿，一字不差地背诵着这首寓言中的诗句，就像有时候在夜里，当一家四口睡在冰冷的房间里，他朗读着雨果《沉思集》中一首诗的开头。我并不满足于听他读诗。我想，即使到今天，听到这首诗仍会让我激动不已。

还是回到父亲的菜园。尽管那时父亲的工资非常微薄，靠着菜园的收获，我们还是得以从紧巴巴的日子中挺过来。糙皮的土豆、又甜又香的胡萝卜、绿油油的生菜上渗出的汁液一直流到了根部，四季豆长出了巴洛克风格的花苞，带刺的小黄瓜像一个凶神恶煞的史前怪物，芹菜破开泥土向上生长是为了让浓郁的香气飘散出来，布满弯弯绕绕纹路的卷心菜是我最早认识的分形物体，香喷喷的韭菜像一个调皮的闺蜜，轻轻地拂动长叶，纤弱的细葱在微风中慵懒无力，香芹层层叠叠，堆成一片幽绿，新鲜的百里香带有一种普罗旺斯风情的香味。还有新鲜的小洋葱头，以后会被挂在车库上晒干，像大蒜一样被编成一串串、悬在屋梁上。被鼻涕虫和蜗牛啃食的酸模能酸倒牙齿，圆嘟嘟的番茄肉质红嫩，散发着果香。另有一小块地和菜地分隔开来，种着美国石竹或者大丽菊，石竹是送给母亲的，一直以来它身上拥有一种能深深感动我的特质。地里还会种上草莓。

父亲，属于沉默和土地；母亲，是絮叨，也是厨房的化身。拣菜、冲洗、和面、切配、烤、煨、炖，她总是忙碌着。尽管伙食费拮据，她却能常常备上煎蛋卷，甚至有时在月头还能准备肉和鱼：烤肉在炉子里噼里啪啦地响着，每个周日都会有表皮松脆的烤鸡，奶酪培根焖牛肉、蔬菜牛肉汤、奶油煎鳕鱼、辣酱熏牛舌、马德拉葡萄酒烤火腿、水果蜜饯布丁、巧克力果酱吐司。还有给父亲准备的一锅一锅浓汤，每天一大早去干活前，他吃早饭时都要喝些。有土豆韭菜汤、洋葱汤、番茄汤，总之各种各样的浓汤。有时候搭配面包，有时候煮着细面条，或木薯粉。

我还记得厨房玻璃窗上凝结的水汽，外面寒意凛凛，还下着雪，饭菜还没出锅就已散发出诱人的香味。我在土豆泥中挖出一个小洞，母亲可以往里倒入一两勺酱汁，而父亲往盘子上撒葱末时也会有些掉进去。肉是红彤彤的，烤炉里飘逸出的蒜香味弥漫了整个屋子。火苗窜动的炉灶成了厨房里的火盆——屋外寒冬肆虐，某种类似于幸福的感受在屋里氤氲开来。

然而一个九月的早晨，一切都消失了，十岁的那年一场可怕的家庭变故迫使我在外寄宿了七年。在最初的几个月里，我想自己已经把一些让人幸福的最本质的东西扔进了火堆里。父亲的菜园，还有母亲的厨房，都成了久远的回忆。在随后许多年里，对我来说，稀薄的汤、潦草应付的准备工作、凝固在盘子里的酱汁、令人恶心的食物，这些就足够了。但这是另一个故事了。

二十年过后，距离夏特龙河岸不远的地方，我在一个晚上来到了波尔多。这个城市曾带给了我无穷的痛苦，一些从未开口提及的遭遇，还有一段段毫不光彩的经历留下的创伤。当晚入住诺曼底酒店后，我难以入眠，走到阳台上看着梅花广场、加龙河以及城里昏黄颤抖的灯光。我没穿衣服站在窗户边，寒风像鞭子一样抽在身上，过去从未在如此深沉的夜色下思索自己的人生，度量自己的空虚。恶心、厌倦、绵绵无尽的悲伤。波尔多曾把我推到了深渊的边缘，我发誓永远不再踏足这个城市。然而因为《雕塑自我》(*la sculpture de soi*) 出版而安排的一系列报告会，我不得不又渡过了加龙河。我再次见到了这条肮脏奔涌的河流，火车从铁路桥上驶过发出轰隆隆巨响，到达了火车站。我下了火车，走进了一家有名的鞑靼餐馆。

晚上的活动在莫拉书店举行。我知道店里书刊极为丰富，而且熟悉书架的布局，可以让我体验淘书的幸福。金色的护壁板，挂式吊灯，挑高的天花板，多得数不清的书籍，举行读者见面会的大厅与外部环境格格不入，让人产生轻微的幻觉。汽车、人影在外面经过，晃动的人影中有几个我还必须再碰面。我渴望尽快离开。德尼·莫拉邀请我共进晚餐。我接受了。我们重回到音乐、文学、葡萄酒和旅游的话题上来。他发誓要成为最符合格里莫·德·拉雷尼耶尔定义的晚宴东道主。

我们谈起了伊甘酒庄出产的甜白酒，可我从来没有品尝过：我就像一个青春期的少年在垂涎生命中第一个女人的第一枚吻、第一次拥抱。一个略显笨拙的大男孩害羞腼腆，渴求得到一位绝色美女青睐却无法企及，谈到美女更是颇有研究又乐此不疲。我把德尼·莫拉当作一位经验丰富的兄长，向他求教情感困惑、享乐和幸福。他和我聊起了吕萨吕斯伯爵、酒庄、酒窖以及他知道的葡萄酒的许多好年份，问我如何评价米歇尔·塞尔关于这一主题的论著，也告诉了我他的想法。接着，话题又转到了巴洛克音乐和圣达梅隆产区葡萄酒、罗曼式风格和俄罗斯建筑之间的对应联系。佛泽堡1988和龙虾沙拉，香芹圣雅克贝和卡隆堡1985。红酒与海鲜的联姻促使我们展开了对葡萄酒品种的配合、相邻性及亲和力的研究。我们的眼睛闪耀着光芒，我被波尔多征服了。

于是两人聊起了亲和力：当蜂蜜冰淇淋和巧克力冰淇淋上桌时，德尼·莫拉问我想品尝哪一瓶酒？我对巧克力有着对葡萄酒同样的狂热，并不希望将香槟或波尔图糟蹋了这两样。德尼·莫拉让我相信他，跟随他追求一种独特的亲和力，他指着酒水单上的一瓶酒，向酒务总管询问它的最佳饮用温度和时间。过了一会儿，在餐厅的另一头，我认出了老板娘手里酒瓶上的标签，身体顿时变得僵直。我突然很想起身离开餐桌，去和人交涉一下，表达自己的反对或拒绝。那是一瓶伊甘堡出产的酒，年份当然是1979年。

时机到了吗？还有机会吗？我陷入一种焦虑，仿佛花很长时间为一次机遇做准备而机会却远没有到来。当我在谈论伊甘堡时，难道没有怂恿对方奢侈消费和不合时宜的大方吗？为了避免这种让人不安稳的状态，如何拖延、回避、追溯时光？为这个独特的日子，我已经想象了许许多多的机会，彼此之间都不尽相同，所有的机会都与一个独特而令人遐想，需要像建座教堂一样堆砌的事件相联系。我想过要庆祝一个重要事件。这个事件本身就成为了一个节日。

酒被打开了，放在我们眼前。接下来是长时间的静默，感觉就像宗教信徒在默祷。德尼·莫拉是我的教义传授人，我觉得自己在一生中都应对他予以敷圣油的礼遇。有一天我认为自己成为了一名祭司，在向他人传授教义的同时接受他的传授，将他看做我的导师，如同吕西安·杰法尼翁在道德领域是我的导师。保持一段安静的时光，将这段时间用于默祷来迎接这一事件真是必要的：我仍听到它无尽的喧嚷，回音缭绕直至今日。

一切都暂停了，中断了。餐厅的声响充斥在我的头脑里，我不敢对视同桌的目光。一股激动的情绪占据了我的肚子、肌肉、躯干和皮肤。一切都绷紧了，仿佛被安置在白色的区域。在这里我不知道从我们的嘴里出来的是一声尖叫、一声呜咽或是一个单词。终于我和德尼·莫拉交换了眼神，这让我们内心达成了一种默契，我知道这是一种牢不可破的默契。

当然，人的经历超越了言语，也同样超越了书写。她栖息在言语之外，因为人的情感，无论它是哪种情感，它永远超越试图为其划定范围的词语。因为，毕竟，伊甘堡就如同从一片混沌中浮现的第一种形状，地球形成时一片喧扰后的第一个声响，第一个音符。我们像旅行者一样发现它的色泽，下定决心以宇航员辨认星空那样的热情去观察色调变化。闪耀的色彩仍在我的心里跳动：淡黄色、金黄色、杏色、蜜色、咖啡色、焦糖色、深栗色、铜褐色的热度、浅黄褐的甜味，金褐色的秋日微颤的枯叶。然而，眼前的美酒被轻轻晃动，酒体丰满，流动的液体线条优美而略显分量的质感，酒滴从玻璃瓶壁沿滑下。透过神秘的玻璃瓶，世界仿佛失真，在霍尔拜因的光线下，葡萄酒的金黄色构成了变形的图像。时光在流逝，悠长绵密，稀有又浓烈，我们在品尝……

后来伊甘堡其他品种的酒也端上来了，但没有一瓶像第一瓶所具有的意义。接下来还品尝过其他酒庄的优质葡萄酒和名菜，谈起美好的回忆，情绪激动，还有丰富的菜肴，珍稀的美酒和优美的举止。为了在美味的回忆中来往，我必须依靠即兴发挥和偶尔的闲聊。有一天，遇到的一个问题启发了我真正的智慧：美食给你留下的最美好的回忆是什么？有选择性的问题。选择什么呢？在哪些剩下的菜肴当中呢？有点奇怪且造作的钻牛角尖了。我必须找到是什么在我的心中留下了最私密的痕迹。伊甘堡，还有吗？罗曼尼-康帝，柏图斯还是白马呢？奥信，拉图还是拉菲呢？罗林格餐厅、赛德伦斯餐厅还是罗比雄餐厅？是科唐坦半岛出产的鲍鱼，莫尔旺地区的带馅肉片卷还是里斯本佛手贝呢？

一个想法像一道闪电在我的脑中划过：在一片模糊中隐约呈现出儿时的记忆。美食给我留下的最美好的回忆是父亲菜园里的草莓。那时的夏天，天气很热。草莓被热气浸透了，连果实中央都是温热的。绿叶形成的阴影也不够为草莓遮挡。我摘了一枚果实。父亲让我用水冲洗一下，用他的话说，是为了洗干净并让它变得清凉。水龙头出来的水流很冰凉，那是菜园的地下水。我把草莓放进嘴里，感受到表面清凉和中间的温热，它的皮肤有点冷，柔软，果肉带点温度。在上颚的碾压下，草莓化成汁液，溢满了我的舌头、两腮，然后流入了我的喉咙。我闭上眼睛。父亲就在我的旁边，弯着腰在菜地里忙碌。在一瞬间——但确实一种永恒——我变成了这枚草莓，一种纯粹简单的味道存在宇宙中，弥漫在我儿时的身躯里。幸福用它的翅膀，轻轻拂过我，而后飞往了别处。从此，我一直在等候这位享乐天使再次降临，我是多么热爱它的羽毛和呼吸。可以肯定的是，我满怀热情地寻找它，但它在躲着我，当我没有等待时它现身了，当我不再抱有期待时它又突然出现了。对它而言，这本《美食家的理性》就是一座陵墓。

目录

第一章

气泡的微哲理

——悼唐·培里依修士

献给克罗蒂娜·勒梅尔

通常情况下，我对传教士并没有好感，或者说，他们准是通过一种相悖于自己身份的方式才出了名。比如，在无神论的散文中能看见梅斯里耶神父的身影，再比如萨德笔下的夏贝尔神父助长了邪恶的盛行。除非他们是才华横溢的作曲家和卓越的音乐家，就像红发神父维瓦尔第在整个威尼斯共和国都享有盛誉。若是那样，我就会成为一个虔诚的信教者。

同样，有时候我会为本笃会修士祷告，这些本笃会修士为我们的肉体得救而祈福，他们在晨祷和晚祷之间配制出的美酒胜过弥散仪式上所用的葡萄酒。在这些美酒中，有费康隐修士配制的修士酒；在杰罗姆·莫贝克神父手中获得巨大成功的查特酒；还有议事司铎基尔出于我们众所周知的原因而配制的基尔酒。然而，在所有神职人员中排名首位当属唐·培里侬修士，因为人们推测他就是那位神秘的香槟发明者。慧纳修士和乌达尔修士像侍童一样追随他左右。愿上帝庇佑他们的灵魂。从我的角度而言，我提议终结旧的风俗。

路易十四的世纪是香槟的世纪，更何况君主和修道士准确地说是属于同一时代的：1638年出生在摇篮中，1715年步入了坟墓。在这个时代，教士们在弦乐伴奏下举行宗教仪式，当时流行着吕利的快步舞曲和萨拉班德舞曲，《乘船赴西特拉岛》作为享乐主义世纪的标志画作，为华托时代揭开了序幕，后来华托被推上了断头台。探寻由谁以及由什么酿造并非是无趣的，唐·培里侬修士是具有现代精神的人，因为在他酿造的香槟中，我们体会到一些在同时代杰出的音乐或绘画作品中才能体会到、以连通器形式存在的欢欣，喜悦，快乐和轻松的旋律。才智，时代的天才，这也是风格，在渗透于艺术和作品的同时表现了它们共同的根源。在盛着新鲜酒液的高脚杯中，我们重新发现了充斥着整个世纪的愉悦，而后忏悔变为圣·贾斯汀和耶稣会的故事。但是时代并非仅此而已，它还沉浸于“伟大的世纪”以来人们所称呼的盛宴之中。

唐·培里侬修士也和牛顿生活在同一时代：他们两

人中，一个关注苹果，另一个为葡萄费心。一个率先酿制出冒着气泡的饮料，另一个根据坠落的苹果推导出著名的数学公式。万有引力是那个时代伟大的发现：科学家牛顿提出了一套能够推动人类社会变革的理论，因为他的微粒学说一方面表明光是一种物质，另一方面提出宇宙是由看不见的硬质微粒构成的，这些微粒永远受到吸引力和排斥力的影响。牛顿假设可能存在太空，其中充满极其纯粹的、由微粒构成的以太。随后他又思考彗星的起源，天体的运动，天体之间的引力，恒星在宇宙中的静止，所有这些有助于归纳形而上学的富有诗意的问题。若是用反话说，我认为世界存在的证据就是香槟，它的气泡像划过太空的彗星、在宇宙中燃烧的恒星，照亮了装入了玻璃杯中的那片天空。这些关于气泡对应物的假设同时表现了精神结构的时代背景和永恒性，充满想象的宇宙学并没有把这些假设拒之门外。唐·培里侬修士将香槟变成现实，以此表达教会对科学的对抗。香槟的气泡成为宇宙存在的证明，它的气泡上升，一直上升，永远向太空靠近。而科学不仅显示了追求真知的源源动力，而且也证实存在一些灵敏的力量，这些力量揭示出重力、质量以及物质和自然的关系。物理学家希望弄明白为什么物体会坠落，而教士在思索如何克制对气泡的欲望。

同一时代，一直被能量集中的问题所吸引的德尼·巴班开始考虑实现力的机械控制所需的条件。他曾思索唐·培里侬修士曾提出的一个问题，那就是如何发明一个用来储存香槟的机器，它是酒神的力量，人们把每次丰收之后能开启一瓶瓶香槟狂欢都归功于它。这位圣人凭着才华和耐心进行观察，决定在一个适宜的时刻把香槟装入一个更坚固、更厚的瓶中，后来这种瓶成为了现在通用的香槟瓶。最终，他没有再使用当时用于塞瓶口的油浸麻屑塞，转而使用能更好防止酒液溢出的软木塞。事情很快就办好了，方法永远都是一样的：人们仍旧按照本笃会规定举行仪式。

香槟何以能成为葡萄酒中的例外呢？为什么它是葡萄酒之王，为什么它成为挪亚美酒中的精品呢？也许是因为它具备其他葡萄酒所有的优点却没有任何瑕疵。它纯粹、细腻、独特、入口强劲，芳香浓郁、轻盈；它带来轻松、欢快、愉悦，让人酒至微醺。人们从未将粗俗、无礼、邪恶的醉酒举动归咎于香槟。既不平淡，又不沉闷，既不小资，又不市井，因为它具有贵族气派，它可以搭配所有菜肴，我们依靠香槟制作的调味料既不浓稠也不厚重：香槟的出现为调味料注入轻盈的气泡，从而使它的准备得以发生变化。因为气泡是餐桌上的金石，香槟的风格和身份就存在于气泡中。

无论它来自于兰斯的山区或者阿维兹，是源于安博内地区的强劲、醇厚、浓烈，抑或是产自格罗韦地区的柔和、婉约，清新，是由黑葡萄酿造的干型还是白葡萄酿造的白中白，香槟首先就是一首关于气泡的神秘诗歌，这些轻盈的、自由不羁的气泡似昙花一现，令我想起了在弗拉芒派的画作中，从一个幻想家的旧麦秆管的一端绽放出一串串水泡，优雅但转瞬消散。在画家的笔下，这些气泡成为哲思的实例，这种独特的哲思兴盛于唐·培里侬修士所处的巴洛克时代。有些画作表现了“人如气泡”(Homo bulla)：人只是一个气泡，只不过是一个气泡。在表达空虚意义的言语中，气泡是和蜉蝣、过客、伴随死亡的凋落等词汇相关联：枯萎的花朵，消散的烟，计量时间的工具：一只手表或一个沙漏，骸骨，颅骨，在桌子边缘失去平衡的昆虫或竹蛏，蝴蝶，还有脆弱的玻璃酒杯，边缘缺损，被打翻在桌上。*谁能躲*

避?（Quis evadet）在其他的画布上我们也可以解读出这层哲思。谁能逃脱？谁能避开这种宿命？没有人，永远也没有人能逃脱。气泡在诉说着，在死亡面前，国王和农夫，王子和平民都是平等的。生命的存续不会比气泡更长久。西蒙·吕替奇、昂德利克·安迪森、西蒙·贺纳以及卡雷尔·杜贾丹和唐·培里侬修士处于同一时代，在他们的油画或寓言画中表现了这个形而上学的寓意：人如气泡。

气泡意味着在一个环境中的隔离，完美，自主，以及哲学家所表述的“完成”。它是存在世界内部的自我世界。它的运动成为服从哲学上的必然性，如果我们要说的话，服从命运的力量的证明。我想起了斯宾诺莎写给轩乐的信——葡萄酒工艺学家在世时和哲学家进行了信件往来——在信中他向轩乐解释只有服从于必然性才有自由。仅仅服从外界力量作用的个体是自由的。因此，被抛向空中的石头服从万有引力的作用，遵守落体运动的定律。它的移动、上升、减速、开始坠落和坠落本身，一切都是必然的，对此我们无能为力，因为“所有独特的物体都由某些外部原因决定存在或遵循具体确定的规则而运动”。我们接着讨论。如果现在我们给石头赋予意识，毫无疑问它能够选择移动、减速和随后的坠落，然而即使在这种情况下，它也只能服从物理学上的必然性。有自由选择欲望的意识，却不了解具有决定性作用的外部原因，这成为我们无知的理由：当我们服从于必然性的浮沉时，我们是自由的。我们身处的状态构成一幅悲惨的、描述人类境遇的画作，它比同时代的帕斯卡所描述的更悲怆，却更具有形而上的意义。香槟的气泡是一种隐喻，帕斯卡认为它象征了不信仰上帝的人类的悲惨境遇，而斯宾诺莎的决定论也有所阐释。成串的气泡出现，成串的气泡又消失：气泡是生命存在的类比。

在与香槟同时代的哲学家中，我们必须提到莱布尼茨和他的标志性著作《单子论》，气泡的宣言，香槟的日课经。“单子”这个词语于 1697 年出现在他写给法代尔的信中，而它只在同名著作中才得到恰当的讨论，因为书中提到昏迷就是“赤裸裸的单子的状态”。这些简单的物质自行运动的无形个体，也是自然的原子和构成万物的元素。单子无始无终，“只能通过被创造而产生，通过被消灭而终结”。如何更好地描述单子替代化为极小的宇宙呢？

最富有智慧的人知道单子没有“可供进出”的窗户。

它自身就是一个微型世界，我们可以将其视为宇宙的缩影。为了表述得更精确，莱布尼兹指出它们是作用力，以顺从自然的方式来体现上帝预定世界和谐的意志。单子对自身以外的世界充耳不闻。它是唯我的，不关注自身原动之外的一切事物，而所有的单子互不关注，却构成了世界普遍的和谐。香槟的气泡同样也是这样的，同样是唯我主义者，同样是现实世界的回忆和缩影，气泡在构建和塑造香槟风格的过程中发挥了具有建筑学意义的作用。在这当中，就像伏尔泰笔下的伟大钟表师一样，上帝就是栽培葡萄的人。

唐·培里侬修士的时代是香槟的繁华盛世。这使我们想起了伦勃朗，他的明暗对比技法被视作光线在黑暗中的绘画表现，就像气泡在黑暗世界中呈辐射状的造型；我们还想起了维梅尔，他的每一幅画作仿佛都表现了一枚平静的气泡置身于人群熙攘的喧哗世界中：画中的少女在阅读、在弹琴、在织花边或写信。除非她在称量珍珠，因为珍珠是另一种表示气泡的说法。在一杯香槟中，正是一颗颗珍珠充盈在表面。在这位弗拉芒派的画家笔下，珍珠被掩饰起来，仿佛他想在画布上隐藏那些意味着浮华的细节。它们依次是一位戴头巾的少女、另一位有着谜一般脸庞的少女，长久以来人们都将其看作画家的一个女儿，一位斯频耐琴的演奏者或者为她伴唱的歌手。这也是一位昏昏欲睡的年轻女子，她在阅读，另一位在写。所有的少女都佩戴珍珠耳环，这些珍珠耳环都是机遇呈现在浮华中的回忆再现。香槟的气泡是空气的气泡和珍珠的变化形式。唐·培里侬修士是巴洛克时代具有标志意义的人物……

事实上，"巴洛克"一词来源于 *barroco*，意为不规则的圆珍珠。如果按照利特雷词典有时候充满想象力的词源解释，*barroco* 来自于字母的缩写，用于表示三段论中第二格的论式，关于这种论式，后来人们只知道是一种归谬法。不完美、荒谬、怪异，巴洛克首先表达了反自然的手工技巧的无所不能。没有什么能比葡萄酒更称得上是人类倾尽心力培育的杰作了。香槟更是杰作中的杰作就在于它远比波尔多酒需要更多的人工操作。就拿装瓶来说，包括定量、将贮藏的葡萄酒，如白中白、黑中白等根据合适的比例混合在一起。而传统往往无外乎此，唐·培里侬修士在生命的最后阶段失去了视觉，但在调配香槟上拥有超凡的技艺，仿佛失去一种感官是为拥有另一种超群的感官而付出的代价。而时至今日，葡萄种植者还需具备魔术师、炼金术士和化学家的一些本领。作为一种音乐形式，香槟是一首乐曲，表达了和谐的意愿、平衡的愿望，是风格化的产品。在完成斟酌数量的工作之后，需要加入糖和酵母，随后装瓶进行第二次发酵。添加单宁、蔗糖和活酵母能让香槟发泡并将气泡保留在瓶中。总之，香槟的陈化要求主人予以持续的、日常的关注，采取一系列的精确操作，所有的这些操作都是数以百年积累的精纯技艺的结果：让酒体起泡、将酒瓶放上酒架、翻转酒瓶、打开瓶塞，让瓶内压力将沉淀物冲出，然后配制出极干型、干型、半干型和甜型等类型的香槟酒。如何更好说明人工技艺在香槟的制作中起决定性作用呢？诚然，开始是源于自然的馈赠，但后来，若没有将祖先的智慧、不可思议的技巧、神秘的配方和对一项特殊工作的热爱相融而形成的令人叹为观止的香槟文化，一切皆无可能。艺术品仿佛是炼丹术的结晶。

因此，香槟是巴洛克风格的作品，是巴洛克主题的表现形式之一。此外，我们说巴洛克也直接与香槟有关，它紧紧攫住香槟，寄托于其中，没有考虑其性格、智能。在涉及性格、灵魂以及成为精神食粮之前，所有属于巴洛克风格的作品优先关注的是感情、感官和激情。身体是第一个邀请的对象。怎样能更好地阐释香槟比其他葡萄酒具有更好的效果？首先要摆脱它最开始对味觉的控制。唐·培里侬的香槟邀请我们抛开它的入口口感，而要品尝丰富的味道。香槟在口中逐渐入侵，同时调动了所有的感官。在舌头和软腭之间，气泡发出噼噼啪啪的声响，似印象派方式一般充盈着整个口腔：同时又释放出不同的、多样化的、各种层次的味道。果香融入二氧化碳气体中，伴随着气泡的消散留下了绵长的回味。一个气泡冒出来，另一个气泡迸裂了。一个气泡的破裂让另一个气泡不断膨胀，臻于饱满。反之亦然，此消彼长。于是气泡源源不断地产生，消失。实际上，气泡的迸裂使得香气四溢。由于香槟比其他任何一种葡萄酒都能更急切地征服我们的口腔。在最初的口感之后隐藏着它的真相。难道那不是带着巴洛克面具的再现吗？

在所有引领巴洛克风潮的艺术家，尤其是巴沙塔尔·葛拉西安看来，乔装改扮是一项美德。乔装、隐藏、遮盖，目的是为了发现探索。那是与欲望玩起的游戏，欲望本身就寓于戴上面具和揭开面具的辩证对立之中。

化装舞会的面具在香槟的气泡中能找到对应物：它是关于愉悦或幸福的承诺。在具有诱惑力的口感之后真相迅速呈现。整个巴洛克主义希望出现这种交替，将人工技艺服从于享乐主义的意图。当然，剧场是面具青睐的地方。在舞台上，人们传统上将生活表现为一首歌曲，一直以来永远诉说着“*人如气泡*”。

这种佳酿的风格从何而来呢？将它比作一件巴洛克艺术品就足以完整阐释它的特征吗？肯定不能。关于风格的词源，所有语义都基于拉丁语 *stare* 演变而来，后者的意思是保持站立。风格塑造作品，赋予其身躯、形态和意义。对于一杯香槟而言，它是轻盈的优雅酒体；是独一无二的存在，用液体包裹了无数的气泡，跳跃沸腾的气泡。彗星或恒星，在香槟中，气泡就是寒冷夜空的苍穹下熊熊燃烧的火堆，这片众所周知的星空遵循着自我的运行法则，深深地吸引了年迈的伊曼努尔·康德。

从柏林学派到布洛[1]，从勒·诺特尔到普赛尔[2]，从

---

1 Blow（1649—1708），巴洛克时期英国著名作曲家。

2 Purcell（1659—1695），巴洛克时期英国著名作品家，曾师从布洛。其代表作《狄朵与埃涅阿斯》被誉为最伟大的英国歌剧。

让·德·斯邦德[1]到夏庞蒂埃[2]，巴洛克风格作品的特征表现为对天空、轻盈、满和空、生和死之间平衡的热爱，整体由美丽的涡形装饰、动感的形状和协调的节奏构成。音乐是用于表达这个独特修辞的最好的隐喻，将其比喻为在安静与喧嚷之间演奏出的一段旋律，带有从沉重中挣脱出去的意愿。绕过音乐我们甚至可以谈谈舞蹈：香槟之神必然是一位舞蹈家，像巴洛克时期的芭蕾舞大师们一样将音乐、歌唱和舞蹈紧紧地联系在一起。滑步、后滑步平衡、转体、垫脚：至少，它的敌人是重力。当其他葡萄酒钟爱着大地，而香槟热爱天空；它崇敬一切如空气般轻盈的东西，直至它将二氧化碳气体变成了自己的同盟；相比空间，香槟更是时间的盟友，因为种植葡萄的土地并不是它偏好的领域。在这点上，香槟和音乐类似——而波尔多葡萄酒像绘画，勃艮第葡萄酒像雕塑。

此外，香槟是唯一真正能歌唱的葡萄酒。软木塞发出了咯吱声，这本身就是欢快音乐许下的诺言，除此之外，只需聆听气泡从生机勃勃的酒液上浮到酒面爆裂就够了。在最为随意的旅程中，细腻的气泡轻轻地迸裂了，发出

1 Jean de Sponde（1557—1595），巴洛克时期法国诗人。

2 Charpentier（1654—1704），巴洛克时期法国作曲家。

砰砰声，带来听觉的愉悦。随着时间的推移，在醒酒或品尝的过程中，香槟又和空气融合在一起。气泡比先前更小，彼此间隔更大：节拍发生了改变，韵律已不再相同。激烈的节奏让位给了一场与之不同的音乐会：从极强到缓慢，从小快板到柔板，如一首幻想曲。

为了向其致敬，音乐用华丽的方式歌唱了香槟。霍夫曼试图在葡萄酒和可能与之对应的音乐之间发现相似之处。他在莱茵葡萄酒或者朱朗松葡萄酒和宗教音乐之间建立了联系并探究了原因：激情或清唱剧、弥撒或者圣母痛苦歌的爱好者，请品尝一点约翰尼斯贝格，在库尔布或小芒森中找回活力：同样他看到了勃艮第葡萄酒和英雄音乐之间的关系：蒙哈谢和尼伊-圣-乔治对应瓦格纳的作品；而他把香槟比作喜歌剧，因为人们从它那儿体验到的“泡沫般的轻快欢乐”。比如丹尼尔·弗朗斯瓦·欧贝儿的《黑色的多米诺》或者阿道夫·亚当的《小屋》？难道我们还能找到更好的类比吗？

如果一定要在音乐中找到香槟的对应物，我倾向于莫扎特的作品，至少是他的表现欢快的作品，那些不管音乐环境如何，一直能渲染快乐的作品。若西方音乐的中心投影在这个伟大的例外中，我们确实可以选择《唐璜》

作为音乐家622部作品的中轴。还需要给这个中轴找个中心吗？那么在克尔凯郭尔和皮埃尔·让·茹弗看来，必须选择第一幕中的第12段咏叹调“让大家痛饮，让大家狂欢”。

在这里莫扎特说了什么呢？首先，歌剧剧本作者达彭特说：必须要有舞会、最漂亮的姑娘、要跳舞，要饮酒。剧中没有明确是哪种酒，但并不是香槟。唐璜想到了小步舞曲、轻佻的女人和阿勒慢德宫廷舞。他认为这样又能为自己的征服名单上添上十多个女人的名字了。如果说这段咏叹调是一首关于香槟的旋律，这是仅凭音乐本身的原因：管弦乐的处理仿佛在冒着气泡，在欢腾。敏捷的步伐，激烈的节奏。我想起来了帕格尼尼[1]的随想曲，它们也能同时颂扬香槟和恶魔。由于唐璜在精神和肉体上都是放纵不羁的。在音乐方面我们只能在急奏中表现狂热和肉体的交叠。歌唱采用笛子和小提琴伴奏，莫扎特往往使用这两种乐器来表达魅力和恶魔性。片段类似于假面舞会：在善良、对舞会的渴望、享受快乐的意愿之下掩藏着悲剧性。欲望的永恒轮回是依靠音乐旋

1 Niccolo Paganini（1782—1840），意大利小提琴演奏家、作曲家，历史上最著名的小提琴大师之一，对小提琴演奏技术进行了很多创新。

律的无休止重复来变现——气泡不断的运动，渴望上浮至酒液表面，消散于虚无中。香槟是欲望的隐喻，同时也以虚无的巴洛克方式揭示了人类的境遇。

关于这首咏叹调，皮埃尔·让·茹弗认为它是“对抗罪恶的存在”。实际上，要选择支持酒杯、反对圣杯，没有其他选择。歌剧演至此，放纵者已为自己陶醉了，他阐明了审美阶段而非伦理阶段，永远都是教士和艺术家、圣水和香槟之争。关于自由精神，克尔凯郭尔借助香槟的咏叹调对其进行了概述和表达：“这正是它的一生：像香槟一样冒着气泡。在内部温度的作用下，气泡唱着它们自己的歌曲在酒液中上浮，不断上浮，同样享乐的医院在与它的生命要素相似的涌动中找到了回响。”香槟在那儿诉说了对快乐的欲望，同时也告诉我们这种欲望深深扎根于令我们痛苦的不满足之中：我们之所以希望狂欢，是因为我们不幸福。*人如气泡*。

第二章

美食的礼仪和美食舞台艺术

——悼格里莫·德·拉雷尼埃尔

献给帕斯卡·瓦尼埃

美食写作之父、同名美食评论集的作者亚历山大·巴尔塔萨·格里莫·德·拉雷尼埃尔（Alexandre Balthasar Grimod de La Reynière）没有双手，只有可怜的残肢。有人把它想象成爪子、鸭掌或蹼趾，丝毫都不像手掌，也有人会联想为人和动物的杂交，一种半马半鹰兽、半人马或克里特岛牛怪的配种。这不仅让人产生眩晕的想象，也成为大自然在这个杰出被造物身上留下最无情的恶作剧的证据。我们永远无从得知，他畸形的肢体会让人想到什么，因为格里莫以无比的兴致实践乔装艺术和巴洛克式的工艺。

一些有幸没有让自然犯下同样荒诞举止的人认为格里莫的肢体残疾是由童年时一次事故造成的。在那次事故中，一只猪吞噬了他的双手。难道是因为有句谚语说猪身上都是宝，所以人们推测出对于猪而言，一切都是宝？猪这种食人的杂食性动物为精神分析法提供了借口，以至于若干年以后，我们发现美食家对以猪肉作为基础食材而烹制的菜肴大加赞赏。十有八九，格里莫从未把猪肉当作食材。但事实上，为了不让被选中的不幸者笼罩在神秘氛围中，失宠和不得志填满了那些幸运的人的肚肠。在撒旦的身上还存在一丝神性。

人们知道，格里莫对母亲表达了最强烈的厌恶。为了让她绝望，厌弃她或者公开表示自己的蔑视，一切借口都是适合的。即便他对母亲的厌恶被夸大，他也没有退缩。这不免令人相信他将失去双手的责任归咎于自己的母亲。人们可以用手抚摸、书写；人们也可以向别人伸出手，表明自己没有武装，以朋友的姿态前来，然后真诚地握紧别人的手表达善意。没有双手，人与人之间的一切沟通都变得很棘手。必须要把系谱视为一种替代吗，在这种情况下餐桌成为了社会的一个缩影？

为了掩盖格里莫的生理缺陷，父亲让人在瑞士制作了一副器械，以便让他仍可以借助夹子接触世界。似乎一开始这副夹子很难让人适应，后来又让人难以忍受。当母亲拒绝看孩子时，父亲希望制作一副精确的机械装置，能够矫正自然的任性所为。这一幕场景就像巴洛克式艺术的写照。*意外介入而扭转格局的人*（Deus ex machina）……

在旁边人看来，这副假肢制作粗劣。材质是金属的，但没人认为是白银，当有人建议格里莫在烹饪中使用白银这种材料时，他总是表现出厌恶。此外，为了遮掩这个机械装置，如同剧院的布景一样，格里莫的人工假肢蒙上了一层白色的皮革，不仅起到掩盖的作用，还能减轻金属夹子一接触固体物就会发出的响声。

然而他的性格并没有使他变得腼腆，也没有离群索居。正相反，他用厚脸皮和讽刺的方式而不是温情脉脉的幽默，时常把这个身体的重要缺陷转化为精神上的优势。有一天，他在别人的陪同下巡查厨房时，人们看见他把手搁在正在燃烧的灼热的炉灶上，丝毫没有感觉到火焰可能烧毁他的手。只见他无动于衷，冷漠得仿佛一台工作的机器，保持着这个姿势继续和被惊呆的同伴们聊天。如果说格里莫创作了美食评论和就餐礼仪，我们也可以毫不拐弯抹角地说，他作为阿尔西比亚德之子和布鲁麦之父，开创了时髦潮流。

他不仅在意风度举止，也很讲究穿着，在这点上他是奥赛或者罗杰·德·波伏娃的前辈。为了更酷地展示他的夹子，他总是身着黑色的衣服，与夹子上的白皮肤形成了鲜明的对比。同时，他的装束与同时代五颜六色、光怪陆离的奇装异服又截然不同。他用黑与白，选择白日和黑夜，拒绝拂晓的彩色的不确定性和黄昏的火焰，格里莫还选择了天使和魔鬼，加布里埃尔或巴弗灭[1]，极端的象征。

他在发型上也是极为讲究的。因为头发首先是自然天性的表达，是繁茂生命力的表达，而发型师将他的头发侍弄得一丝不乱，凭借一种征服的意愿来精心耕作。第欧根尼、布鲁麦和波德莱尔都悉心照料头发，依靠发型来表现他们的独特、个性和世界观。格里莫·德·拉雷尼埃尔顶着一头妙不可言的头发。当然，这个发型可得花费很长的时间来准备。但是当我们选择以人力改变自然，花费再大的代价也是在所不惜的。

有一天，格里莫去歌剧院。他头上高高竖立的发髻遮住了坐在他后边的人的视线。这个看不到舞台的人爱开玩笑，他要在格里莫的头发上挖个小洞，以便从中可以窥视舞台，用画面来配合听到的歌声。人们猜测格里莫

1 Baphomet，基督教中的羊头恶魔。

并不是不知道这个家伙背后做的小动作。然而，格里莫在演出结束后要求对方把自己的头发恢复原状，否则就要和他在决斗场进行一对一的格斗。格里莫借给对方自己的梳子。发型可不能拿来开玩笑。这位临时理发师把头发摆弄得极为漂亮，据说两个人分别时居然成了世界上最好的朋友。

还有一次，当他的头发失去了糕点般层叠的形状，格里莫便戴上了一顶帽子。出于对机械装置一贯的热爱，他希望依靠机械师给帽子安装上用羽毛杆和弹簧构成的装置，这样不借助双手就能使帽子完成符合礼仪的必要的移动，从而获得最理想的效果。但人们认为他并未从中获得满意。

这个醉心于机械装置、戏剧和怪诞行为的人在体验着生命，他将生命当作一片广袤的土地，能够从中历经各种新的可能。假设人们愿意从他不经意的动作中发现在当代美学中以编码形式出现的*大事*或*事件*，那么这位登徒子的先驱也可以成为审美现代性之父。格里莫提出了对世界的各种设想，也检验了各种主义和思想观点。人们归于他身上的所有荒诞行为，如古希腊的犬儒主义，实际上包含的信息比人们所认为的还要更多。20 世纪一位居心叵测的德国空想家只愿意将犬儒学派视为一本无趣的轶闻集，一系列缺乏可靠性或深度、也没有什么意思的小故事。他故意忽视了对行为的讽刺、对作品的奚落、对习俗的颠覆和对生活的哲思。这只是一种源于无知的错误。因为生活中的意义比书本中的更丰富，两者只有以各自的丰富互相支持才能获得有效性。格里莫属于一个偏爱行动，也同样提出与其相关的世界观、气质、个性的哲学家群体。

格里莫既不喜欢母亲的傲慢，也不喜欢父亲的懦弱。他最早在公共场合表现出的古怪行为，在把美食当作借口之前，是和父母之间的账目结算有关的。至少被世人视为锱铢必较的挑衅。有一天他的父母宴请宾客，格里莫竟然邀请了巴黎穿得最破烂的人参加，以至于作为庄园主的父亲邀请来的客人竟然被一群流浪汉列队排列欢迎。格里莫对身边经过的资产者说："请发发善心！帮帮这些因庄园主的贪婪而破产的可怜人吧。"因为庄园主的儿子从来没有对旧制度抱有好感，旧制度不遗余力地制造贫穷和不幸的人，而这里的不幸首先是根据他们食不果腹来定义的。法国君主制和法国大革命都因为使人挨饿的原因而未能讨他欢心。餐桌是真正的超验的场所，提供了释放本体论的空间。

还有一次，他让人把父母府邸的避雷针涂成红色，并告诉害怕打雷的父亲这个颜色是由雷电产生的。以至于老格里莫立即把府邸给了儿子，这样他可以随心所欲地使用酒窖。这是为了美食而巧妙地使用谎言。

为了让家族蒙羞，他占用了家族的四轮马车，去朋友家接朋友，搭载着他们在巴黎城内游览。游玩结束后收取他们的费用，以便把钱分给穷人。于是多亏了他，人们才会出于人道援助的目的而考虑对巨额财富课税……

此外，据专栏作家记载，格里莫还参加过一场轰动一时的决斗，当时有三千人围观。他要和一个讨厌的流氓了结恩怨，这个坏家伙故意想把他推倒在剧院座位上。如果我们相信传闻的话，厄运降临在流氓身上，据说他头部中弹，死在了香榭丽舍大街上。

格里莫用各种各样、每一次都能引起轰动的新闻占满了报纸的篇幅。对于有些人来说，格里莫是一个真正的失常的人，一个平庸的疯子，而对于另外一些人来说——若引用当时报纸上的表述——他是“现代的第欧根尼”。人们深信他的名誉就在圣徒传记和罪行累累的犯人之间游移。犬儒主义者也是如此，其中第欧根尼·拉尔修让我们见识了荒唐的行为，格里莫的一生融合了传奇和真实轶事，是神话、虚构和荒唐却真实的行为组成的混合体。自他去世后，他成了评论口诛笔伐的对象，评论的措辞一个比一个更过分：人们记得在他生命的最后几年，他只在一只被驯化的猪的陪同下出门，并和这只猪寸步不离。这个失去双手的孩子充满神秘色彩的一生由猪揭开序幕，必须由它来陪伴他直至生命的最终谢幕。有些人还记得在宴会上，这只小猪就坐在他的身边，用皮带和绳子牢牢地绑在由宾客簇拥的主宾座位上。有的人甚至说这只猪在老人的公馆里有一张床铺，可以舒服地享受最好的睡眠条件。

格里莫晚年居住的大宅子也成为其古怪行为的托辞。它很可能被建成舞台的样子，格里莫打算在这里上演一幕幕幻想剧，将混淆想象和真实，让虚拟如一株有毒的植物肆意生长。乔装剧、滑稽剧、喜剧在这棵植物上割据了它最好的部分：被抽离的地板，不合理的出口、地板上的活板门和假镜子，分散于各个角落的用于传送声音的管道不仅能方便主人让人把床运送到打瞌睡的客人身边，也能方便主人捉弄客人，随时都可以将他们弄醒，让他们变得狼狈。

公证证书、他身后的财产清册以及官方文件都告诉了人们同样的事情：格里莫从来没有住在这座奇妙的宅子里。但是人们只关注财富，现代美食评论之父在其有生之年内竭尽所能地谱写一个传奇，并循着这个传奇直至生命的终结。偏离常规的人生、不同寻常的名声，甚至超出了一切标准。对戏剧的兴趣让他时常将现实变成戏剧场景，以至于吃饭、食品、宴会这些我们司空见惯的东西都随他变成了新的天地和一处处可待探索的新陆地。希腊人有专题论丛，启蒙时代的人有他们的宴会。由于格里莫·德·拉雷尼埃尔的原因，现代性攻占了新的实践领域，获取了凝聚在新学科中的新形式：美食学。它通过某种特定的方式，和观看戏剧、演出戏剧形成了密不可分的关系。在任何地点、任何条件下，无论身处哪个时代，无论人们享用的美食品质如何，餐桌都成为了舞台：人们在上面交谈、品尝、享受食品。每个人都是演员，表演着躯体动作。舞台装置艺术是独特的，其中的规则也是独特的。人们将感情、热情、感官投入其中。香味弥散在空气中，人们对美食的欲望得到了满足，也从中得到了感官的愉悦。戏剧即寓于此，因为游戏与情感宣泄、角色游戏与表演频频细腻交织在其中。开始上菜了，桌上一双双眼睛窥伺着，菜肴被一一呈上，散发出令人愉悦的香味，菜的质地绵稠，盘中流淌的葡萄酒嗞嗞作响，餐具发出叮叮当当的声音，菜肴的味道自然是令人陶醉、愉悦。时间和空间都服从于用餐的需要：用于准备、烹饪、上菜和享用的时间，用来摆盘、介绍、推荐和营养转化的空间。饥饿源于本能，并折磨人的身体，而饮食糅合了文化、技艺精心制作而成，从饥饿到饮食之间，简单地说还存在一段被理解为人类永远脱离自然的历史。这些时刻的戏剧化标志着文明对本能的胜利、食品的精细化历程以及对烹饪的褒扬。一片文明的天地为一个受天然的热情所支配的世界提供了济世良方：餐桌是一个微型世界，适用于这个世界的一套优雅礼节被视为政治游戏。戏剧场景是这个世界的类比，这个想法如愿以偿地带上了巴洛克色彩。格里莫不断地阐明餐桌，作为场所，为即将到来的理性革命，为尚未出现的曙光提供了实验场地。美食学作为一门学科，能够对这些独特的规则进行编码，并提供了一种方法，不仅在人与人之间而且在身体和灵魂之间，在身体和自己之间建立了新的联系。

格里莫和戏剧之间的联系源于童年时期，也许他将这个时代触及人内心最深处的情感记忆归功于女演员，其中一些人经常出入于他母亲的会客室，她们慷慨地给予了格里莫在亲人处所缺失的关爱。曾有一位吉诺夫人是法兰西剧院的资深女演员，也是伏尔泰的朋友，她把这个被母亲忽视的肢体残缺的孩子放在自己的膝上逗弄，让他感受到一丝温情。吉诺夫人还认识马里沃、达朗贝尔以及一些在当时非常出名、但如今已经被人们遗忘的剧作家。在父母的会客室里，格里莫见过一些声名卓著的演员，也见过其他名气略小的演员；他欣赏过演员们表演各类戏剧，也参加了剧本的朗读会，那些当时正在撰写或已经完成的剧本就注定了要不风靡一时，要不在两三场演出后销声匿迹。

家族的府邸本身就是一个剧场，在这里人与人和睦的关系产生又消失，人们谨守礼仪，与外面世界的粗鄙形成了对比。如果我们相信今天由人类行为学家提出的假设，由于格里莫在此体验到了他人给予的温情、关爱和体贴，所有这一切正是一个被抛弃的孩子所缺失的，我们有理由认为这些经历对于他气质、性格和观念的形成起到了基础性的作用。

当然，要为儿子谋划一个前程，格里莫的父母经过考虑，向巴尔塔萨建议学习法律，选择这条通往权力、金钱和社会地位的捷径。显然，格里莫并不这样认为，他选择了一项最为人所诟病的爱好，即戏剧。然而，为了满足家人的愿望，他开始学习法律，因为家人掌握着他的资金来源，资金才是最重要的，即便对于意志坚定的人亦是如此……同时格里莫还像个信徒一样，常常观看法兰西剧院在杜伊勒里宫举行的演出。每周三到四次，他都在剧场的前排位置上，有时演出结束后，他会寻找在街区游荡的妓女，在她们的温香软玉中迎接第二天的到来。

他将实用和美观相结合，不到二十岁时，就已经成为了一名艺术评论家。他起先进入了《戏剧日报》，当这份报纸被迫停办时，他又加入了《瑞士诺沙泰尔日报》。他的评论受到人们的追捧和推崇，以至于他很快就获得了罗马阿卡迪亚学院（l'academie des Arcades de Rome）的一个席位，要知道这里可是为拥有伏尔泰和丰特奈尔而感到骄傲的地方。

格里莫将纯文学推崇至超越一切的至高地位，他的微薄收入全部都花费在纯文学上了。那时候，他倾向于用

“阁下”称呼优秀的作家，而将“大人”保留给大部分达官贵人。哎！可惜他的想法没有被世人所采纳。此外，言行保持一致的格里莫将一些和他来往的作家视作手足，并向他们伸出援手，帮助他们出版著作，甚至自己来支付印刷费用，为了帮助朋友的剧作上演，他还会想方设法去应酬交际。

不管何时何地居于何种环境，格里莫都是戏剧的忠实观众：在吕内维尔或在南锡，即使收到了盖有国王玺印的信，他也会在剧院呆上很长一段时间，连大厅也不会离开；在里昂，他迷恋一位女演员，他的殷勤赢得了女演员的青睐；当他返回巴黎后，他不会错过任何重要的作品。

在戏剧之外，格里莫还爱好写作。作为一个涉猎多题材的作家，他计划把自己对戏剧的思索结集出版。他以一如既往的讽刺或挑衅的笔调，写下了《关于对戏剧鉴赏力的低俗化以及对戏剧总体、尤其是里昂戏剧的思考》，除了要让自己的小册子风靡高卢城之外就没有其他忧心的事情了……，他重新拾起笔是出于写评论而不是出版小册子的目的，主要是为了撰写全套的《戏剧审查官》。每十天他会发表一期长达72页的评论，介绍这十天中在巴黎的六大剧院上演的剧目，评论期刊获得了成功。三十一期作品集成四卷，于1807年出版了。在执政府时期从事与戏剧相关工作的每一个人都会将它视为极具价值的、罕见的文献资料。

偏离世俗、多题材的写作和爱好戏剧，格里莫只有具备这三个倾向才能接触到美食。人们认为，他对美食礼节和美食戏剧提出了最有见地的思考。从《美食年鉴》（1803年）到《晚宴东道主的日记》（1808年），我们可以观察到一切将关于美味菜肴、餐厅以及美食评论的**游戏写作***和严格的系统编码区分开的内容。对于系统编码，我们认为它为某一特定类型的微型社会提出了基本规范。布里亚—萨瓦兰会在《味觉生理学》（1825年）中提到这点，毫无疑问，我们可以肯定的是对于这个主题，格里莫·德·拉·拉雷尼埃尔创造了美食政治。因为词源学证明了“政治”和“开化”之间的同源关系。通过表示城邦意义的希腊语词根*polis*，我们还发现礼仪和城市性之间也存在关联。格里莫理想中的政治学以建立一个享乐主义共同体为目标，在这个共同体中，法规、戏剧、游戏、挑衅、犬儒主义或讽刺，有时候还加上幽默，均以共同的目标而存在。如果说关于格里莫的轶闻具有一种意义，如果说这些轶闻并非完整地展现这个时尚潮流引领者，那就必须从他对政治意愿的阐明中去探寻他的生平。

格里莫所有叛逆的行为都和关于*事件*模式的情节组织相关。意外事件的发生所蕴含的意义超越了场景本身。在庄重的布景后隐藏着在游戏的话语体系中类似于模仿、面具和巴洛克游戏的东西。最细微的细节、用于表现仪式感的最基本的时间和空间单元让人想起回旋、变化和交错。按照支配悲剧进展的古典原则，格里莫尊重情节、时间和空间的协调统一。在他的笔下，戏剧结构是连贯的，人们可以辨认出情节开始和结束的信号；人们同样也能够根据剧情的发展界定情节发生的空间。于是，戏剧评论就被限制在这些时间和空间的组合中了。

从 1780 年开始，格里莫开始认真地组织周三的老饕协会的宴会，从名字上可以看出，这类宴会每周三举行，下午四点在水星旅店开始。显然，宾客必须准时赴宴，因为这是享有服务应满足的礼仪要求。美食戏剧在勒加克餐厅上演，演员的人数正好为 17 人，从来不多也从来不少。由于每个人都饰演了一个角色，因而用假名来认识和称呼彼此。每个绰号都是根据最能体现每个成员特征的行为来取名的，如同在戏剧中人们都不以自己的真实身份做自我介绍。比如其中一个人脸色特别红，红得发紫，又由于他的皮肤起褶子、耷拉下来，别人称呼他火鸡先生。还有一个人虽是修士，可是非常出名，因为他的评论像钳子一样掐住要害：于是他成为了龙虾大师。人们猜想格里莫也被冠以和他的肢体残疾与机器手有关系的一个绰号：螯虾大师。在他活跃的另一个聚会飞鸟*社团*中，他是小飞虫，也许是由于他在那儿是被动接受的、喋喋不休且容易激动。在吸收了火鸡先生、螯虾大师和龙虾大师的协会中，被证实的协会宗旨为“将美食科学视为所有科学中最重要、地位最高的”。他们的确是说到做到，更确切说，是以节俭的方式享用美食，不同于俱乐部炫耀的贪吃。

此外，餐食的分量不能太多，因为在每周三和每周六格里莫必须空出时间来参加两个协会的活动。在这些一半关乎营养、一半涉及哲学的餐会上，必须要成为一位文学家且准备喝下 17 杯咖啡，一杯不多一杯也不少。17 是格里莫的吉祥数。在会客室、在壁炉的左边或右边，森林之神的头像突出墙面：咖啡如喷泉一般从中流出。一位成员身着长黑袍，戴着假发，给众人分发糖块。只有格里莫的表弟可以不用求助于内务总管，但是必须等待格里莫以命令式发出指令："请取用糖块，我的表弟"是一句芝麻开门的咒语，标志着宴会的开始。于是宾客们开始讨论文学、巴黎出版界现状，或者朗读餐桌上其中一名宾客撰写的讽刺短文。有时候，他们会接待一些社会名流，如博马舍、封达内，安德里厄或者舍尼耶兄弟。言语上的交流更受到重视，因为食物并不重要：每周三都有夹着鳀鱼、涂抹黄油的面包片——不要忘了咖啡。每周六，餐桌上会摆上 6 公斤到 7 公斤的牛腰部的嫩肉，配上面包片和热饮。但是如果"半营养"这种表述别具意义，也许是由于他们把葡萄酒和酒精饮品都排除在餐会之外了。当人们围绕现有美食为举办文学聚会而列举的理由取得胜利时，格里莫还在过着清苦的日子。规则、游戏、布景、仪式、礼仪以朴实的形式出现。食物是和谐的媒介，但是它还没有成为餐会的核心和理由。美食退居在后，而戏剧永远占据在前面，即使配料形成的搭配经过评委会的品鉴后越来越受到欢迎。

周三宴会成为了品鉴美食并奠定现代美食评论的契

机。事实上，餐盘里盛的食物是聚会的主要话题。在聚会上，菜品是由别人毛遂自荐而提供的，他们恳请评委会出具关于菜品的评论报告并在专业报纸上予以刊登。评委们品尝这些菜品，做出评论。评论并不是简短的，评委们不是以简洁的文笔匆匆拟写报告，确切地说美食评论写作出现了：它体现出专业性，也具备抒情性，很详细，充满激情，它是论战文章，但也很严谨，因为对美食的评论主宰了文章的写作。美味或难吃，平淡或出色，评论以菜品为对象，意欲挑选出当时最好的餐桌美食。出发点是极好的，然而人们猜想实际会存在道德堕落的风险。

宴会每次都是从晚上 7 点开始，持续 5 个小时。若评论家在结束时间之前离开餐桌，无论出于什么原因都是无法想象的。在宴会中发挥决定性作用的是分类操作的严谨而不是消遣美食。格里莫创造了“合法化”这个术语在美食领域的意义。由于它允许洗礼仪式的存在，合法化的工作变得尤为珍贵：事实上，评委会为菜品取名，以此表明命名即创作，使之获得完完整整的存在。例如鸡脯肉冻、方形千层米糕、奥利鳎鱼柳、苏比斯调味汁浇煎蛋、克雷西浓汤等名字是为了纪念重要人物，又比如威尼斯兔肉、骠骑式鳟鱼或叠檐式鳟鱼、法式豌豆、意式朝鲜蓟、英式面包屑裹鸡肉等名字是用来辨别菜品的烹饪方法、方式、技术及出处。今天所有的美食家都知道菜单的一部分奥秘存在于它的诗学之中，它的标题遮掩或暴露、隐藏或展示，使人们能猜测或想象那些把自然食材转化为文化表达形式的烹饪操作和技艺。新的烹饪方法创造了丁香洋葱酱龙虾，红酒焗鸡油菌鳌虾、葡萄无花果配鸭肉……让我们领会其中运用的诗意吧。

借用格里莫优美的表述，美食评委会的工作是“对菜肴进行理性的思考”。若采用康德式语言表述，也就是说，“根据美食带来的感官满足模式来实施评价”。厨师呈上菜肴，由格里莫和他的美食家们来评价。评论被邮寄给提供经费的候选人，结论刊登在《美食家年鉴》上。由于评委会参加了由餐厅老板自费准备的465场餐会，几乎整个巴黎都在《美食家年鉴》上露过脸。有人将之视为吃白食，但是怎么能让格里莫为品鉴美食付费呢？现代美食评论诞生了，在旧时代的最后阶段，与它同一时期的还有弗拉戈纳尔的油画、拉克洛的成功和博马舍的戏剧，以及一瞬之间安托南·卡雷姆的诞生（1783）。

在格里莫的身上，叛逆和严肃并存，在他这样或那样的行为中人们并非一直都知道如何把叛逆和严肃区分开来。只要格里莫的荒唐行为能带来现代性和我们继续在使用的形式，我们愿意以宽容的心态来接受。只要他为我们创造美食评论及与有美食有关的写作，组建了美食评委会，只要他在夸赞餐桌服务现代技术和俄式服务的优点的同时制定了美食礼仪，他可以天马行空般想象，保留乖僻的行为。但是自从夜宵丑闻以来我们所称呼的著名晚餐究竟意味着什么呢？

事件发生在 1783 年 2 月 1 日格里莫父母位于香榭丽舍路上的府邸里，这条路后来变成了香榭丽舍大街。以亚历山大·巴尔塔萨·格里莫·德·拉·拉雷尼埃尔的名义发出的邀请写在一张尺寸很奇特的短笺上——长为 52 厘米宽为 40 厘米。按照来宾的身份——贵族、律师、记者、编辑、社团成员，邀请函使用了对应的敬语，并附上了时间表的建议和详情，同样还提醒了宴会上将大量使用猪油，整个宴厅的前端会布置成追思台，上方缀满银色泪珠的黑底上悬挂着十字架。参加筵席的有 16 位宾客。加上主人，总数为 17 人。宴会也接纳公众出席，但是只能坐在餐桌周围的栏杆后面。格里莫以嘲讽的语气宣布了死亡和食物的结合、食品储藏室和戏剧的结合、礼仪和无耻的结合。宴会是他的道德规范的缩影，是他的世界观的概要：一段形而上学的摘要。

这场仪式的导演工作由达赞古承担，他是一位给玛丽·安托瓦奈特上过朗诵课的演员。在随后的一年中，也正是他把博马舍的《费加罗的婚礼》搬上了舞台。是否应该把这场特殊的戏剧化形式看作是格里莫的小花招，想通过这样的方式为他将于几天后出版的《关于愉悦的思考》做一次事半功倍的宣传呢？他也许还想过发明美食广告、新闻界午餐会以及文学广告宴会，这三种形式都获得了成功。这种推测倒具有可信度，因为他的小册子的副标题名为《戏剧多么深刻地影响了品行和兴趣》。他也许同样阐明了他的论题，将实用与舒适相结合，而且就像他所知道的那样，通过实践形成理论。他的努力使巴黎成为人们广泛谈论的对象，这是他的主要工作。

这场轰动一时的宴会怎么样呢？当天晚上的细节被好几个人报道了，其中有《布列塔尼人报》的雷斯提夫。他是格里莫的朋友，后来两人的关系恶化了。当然，不乏好事者到处传播、添油加醋、以讹传讹。这个故事在巴黎的传闻反复无常，让人无法得知真相。有些人说这其中的纠葛涉及酒席、纵酒、裸女、长头发被当作擦手毛巾的姑娘，还有海量的酒。这是对格里莫的不理解。他主要关心的是不断让狄奥尼索斯服从于阿波罗。包括饮食模式，秩序、节制、礼节、计算、协调在其中获得了胜利。即使出现了狄奥尼索斯，也是为了将它包含在其中，因为没有什么能比形式和方式更适合这位仪式的大师了。在他身上并不存在对放荡、醉酒、饮酒纵乐的颂扬。格里莫不是特里马西翁。这场宴会只是受到世人给他冠以的坏名声的连累才沦为丑闻。事实上，它是一场惊世骇俗的宴会。

在宴厅中间，大餐桌上原本该摆放银质器皿的地方安置了一个灵柩台。整个大厅都挂着黑纱。入口留给宾客出入，门口由配备了武器的仆人看守。每个客人都被问道："您是去人民的吸血虫德·拉·拉雷尼埃尔先生家还是去他的儿子，寡妇和孤儿的保护人德·拉·拉雷尼埃尔先生家?"显然受邀人应该给予对方正确的答案：去晚宴的东道主家里，不是去大农场主的家里，即使地点是同一个……从衣帽间开始，客人从身上除去所有具有区别性的标记：剑、帽子、饰物。有个人化装成了巴雅尔，我敢保证他的化装效果肯定很逼真。他带着一群客人走向一位头戴方帽和假发的评委。后者在一张贴有邮票的纸上记下同席就餐的评委的名字和身份。在会客室，格里莫身着律师长袍走进来，在这群人中显得很独特。他邀请来宾跟随他进入一间非常昏暗的房间，他提议在里面冥想一会儿。有些人认为这对共济会的宗教仪式是种讽刺，因为这种仪式是接纳进入秘密社团的序曲。也许是这样。黑暗过后是光明：一扇门打开了，通向一间由365盏古代风格的灯具照亮的大厅。四个身着古罗马式长袍的青年男子手提香炉，站在每一位宾客旁边侍候。格里莫对他们说："当我的父母请别人共餐时，总会安排三个或四个人负责奉香。朋友们，我要为你们免除这份辛劳。这些人能够出色地完成这项工作。"

菜肴放在宾客旁边的备餐桌上供他们取用，这是为了避免使用仆人。格里莫不喜欢使唤仆人，在他看来，他们总是很冒失，有一种反抗心理在作祟，使得他们要么忘记给客人斟酒添菜，要么就往杯子和碟子里添得太满，这也是一种灾难性的失误。格里莫不断地用机器、技术和新的机械装置取代仆人来提供就餐服务。

从细节上来说，除了最初两道菜之外，我们并不知道随后上桌的十二道菜到底是什么内容。因为第一道菜全是猪肉，第二道菜是猪油。在呈上了这两样东西之后，格里莫让他的客人们明白了晚餐中使用的所有原料都来源于他亲戚的猪肉店和食品杂货店，对于格里莫家族这样的贵族家庭，这样能取得最讽刺的效果。然而更讽刺的是，实际上他并没有亲戚是猪肉或猪油方面的行家……

在方圆很小和消息灵通的巴黎流传着这样一则传闻，说位于香榭丽舍大街府邸中的人以一种非常古怪的方式进餐。人们蜂拥而来，聚集在栏杆后面，观摩就餐仪式。为了活跃走廊中的气氛，有人在分发蛋糕——面包和游戏器具——以及饮料。人们熙熙攘攘，充满了好奇。格里莫·德·拉雷尼埃尔夫人夹在人群中，她的儿子胡编乱造地把她和猪肉铺和食品杂货店扯上了关系。她的情人、布勒特伊堡的执行官站在身旁陪着她。他们的身形消瘦得吓人，但个子非常高。颇有文学造诣的儿子曾引用德利尔神父在某部作品中的描述："这两副长长的残骸互相安慰。"有些人开始感觉晚会变得糟糕，打算离开大厅。但他们没能成功。在所有的大厅被锁上之前有两个胆小鬼溜走了。侍卫们保持警惕，所有人都留在宴会上直至次日早上7点。有一间由113根蜡烛照亮的会客室供应咖啡，之所以选择这个数目是因为格里莫打听到巴黎有113名公证人。为了有个完美的压轴，格里莫还安排了魔术灯表演和一位意大利物理学家展示的电力实验。就差一点点，格里莫差就发明了电影……

那天晚上花了两千里弗尔，这终归是一笔不菲的开销。没人会认为他因此而很快变得声名狼藉。但是通过这场宴会，格里莫告诉世人他是多么厌恶整个旧制度的运转。所有拥有权力的人都受到抨击：政客，加上所有穿长袍的人，如律师、法官、公证人，还有大农场主；当然，他的父母；教权，以及天主教的香炉和共济会的黑西服。家族的权力也受到谴责。作为一个享乐主义者，格里莫没有忘记邀请死亡、向死亡宣战，嘲笑它。至少以嘲讽的方式将死亡布置为黑色的背景，目的在于提醒我们死亡永远在那里，它最终将取得胜利，我们是在悲剧背景上创立一种快乐哲学。他反对的既是这个在旧制度下让人挨饿的极不公平的社会，也是那个从法国大革命中诞生中，同样也让餐桌变空的社会。格里莫同时提出一个微型社会的设想：推崇享乐主义，通过选举产生并实行贵族政治——词源学的意义为：所以他会颂扬食物、戏剧、美食礼仪和技术的现代性。

但是，1812年7月7日他的死讯被宣布了。死神与创世神的对抗，死亡降临的日子。一个月前，格里莫决定远离巴黎，在外省过上退隐生活。他打算继续阅读以前落下的书，还要读完多年来收藏的书，由五只猫陪伴着过日子，等待着最终的结束。参加格里莫葬礼的客人被要求先到他在巴黎的寓所，下午4点送葬队伍从那里出发。这是晚餐的时间，美食家想在他去世后让大家在棺材和餐桌之间选择。那么只有那些真正爱他的人才会来赴他最后的约会。

在约定的时间，他的忠实信徒们赶到了香榭丽舍大街，已经有灵车和几辆送葬的车辆等在了那里。寓所的入口处，在两排蜡烛之间安放着一个灵柩台。在会客室里，就像以前在同样时刻他坐在那里一样，客人们低声交谈。当大门开启，人们看到了凯旋的格里莫，他终于可以幸福而笃定地知道拥有多少朋友了。他已经决定埋葬他的巴黎生活，而且只埋葬这段生活。但是即使有人可以嘲笑死亡、挑衅它、蔑视它，他们心里很清楚死亡总是能获得最后的胜利，格里莫一开始就明白这点。于是25年之后，1837年的圣诞节那天它来了。在这之前必须要经过几次彩排。

美食绅士到底留给我们什么教导呢？八卦轶闻、备受争议的名誉、故事、作品，一篇篇关于戏剧和美食的评论。将生命当作对享乐主义的实践，对政治的追求，以及建立一个以餐桌为蓝本的和谐社会的愿望。

他的行动成为了一个个事件，是一段段机遇剧的持续上演，仿佛展开了一幅生动画卷，向世人展示了现实即戏剧，我们身处其中，既是演员也是观众。为提出一种政治，他把伦理和美学相混合。独特的形而上学和本体论构成了这种政治的基础：悲剧的思想、巴洛克式的敏锐、讽刺的实践把迄今仍存在于现代社会的美食戏剧展现出来的一切意愿，现代美食学在格里莫手中诞生。它像动物一样舒展，从基础出发逐步开疆拓土。

他提出的戏剧理论与古希腊的酒神赞美歌、亚里士多德对戏剧实践的观点是相似的：只有人们体现了激情，说服力才能变得如此真实。在演员和角色之间没有距离，演戏的人和生活的人之间也没有分离。没有热情，没有全身心的投入，就没有游戏；没有对游戏空间的实践，比如情感宣泄，就没有舞台艺术。*

然而，狄德罗的《关于戏剧演员的诡论》是不一样的，它提出了精神分裂症，提出了舞台上的人和日常生活中的人是分离的。狄德罗这个彻底的唯物主义者希望将演员视作机器，一台冷冰冰的、能够演绎角色而不会全身心投入的机械装置。演员是没有思想的：如同牵线木偶在模仿。作为幻想的创造者，“宿命论者雅克”之父希望将戏剧和生活、演员和公民、记录和实际存在区分开来。格里莫正好相反，他实践的戏剧是阿尔托所指的残酷戏剧：借助游戏赋予生活新的生命力，让人变成造物主，有助于生命出现新的可能，创造另一种存在的方式。就像兰波所说的：“改变生活”。

格里莫自己是仪式的大师。他实践着讽刺和伪装，他负责分配角色，像组织者一样活跃。他以微系统专家的精确来完美地安排。黑色幽默和舞会、食物和背景，颠覆和重塑。在他选择的空间里，在他决定的时间内，他导演了一场特定群体间的人际沟通。他像一个知识渊博的君主，用戏剧这种形式来诉说他对理想国家的设想，尤其像做实验一般演出戏剧。他的目标不是要建一个新的亚特兰蒂斯，类似伊加利亚的地方，或是面向未来的法伦斯泰尔。在这里，在此刻，他导演了一幕幕戏剧，为原子社会、选举社会的起源揭开了序幕。实指，就像导演所说的，完全是属于格里莫统治的领域。如果人们听从美食家的建议，那么戏剧和生活之间的悖论将不复存在。它们两者之间将以和谐契约的模式在餐桌上、宴会上、戏剧演出时实现和解。

美食戏剧，作为政治戏剧的替代物，是属于完成行为式的世界。言语，即行动。餐桌上的食物不是混凝纸，红酒不是经人工调制、呈红色的水，肉食不是被染色的纸糊，菜肴不是虚拟的，布景也不仅仅是舞台上一丝微风吹过便摇晃的门面板：一切都是真的。有人在里面吃饭、喝酒、说话、交谈，以真实、完整的方式在过着日子。每个人都和自己获得了和解。在他们身上，追求理想的自己和生活在理想中的自己已经融为一体。身体完全投入到生命的存在中。嘴、肚子，还有大脑，精神。消化系统和神经系统发挥了同样的作用。皮肤、肌肉、内脏和灵魂采用了同样的方式。格里莫的贡献在于建立了一种身体哲学，将关注目光投向了充满欲望的机器所包含的独特的内在。

在戏剧的布局中，我们将助于剧情转变最有效的因素归功于*舞台机关送神*。例如滑轮装置、牵引、突然出现的布景、还有墓穴打开，地狱里光环闪，烟雾缭绕，从中突然走出一个人，然后借助新机器，他升入了天穹，所有这些都呈现在舞台上。于是朱庇特可以鸣雷，墨丘利可以腾飞，俄耳甫斯降临到冥界。不过格里莫喜欢使用机械：他的夹子、衣服、发套、日常生活、具有半发射功能的帽子设计，在他身上一切都表明他对反自然的兴趣。

人们在介绍美食家的作品时习惯把他视作一个生活在旧制度时期、怀旧的反动分子，这只是因为他对法国大革命没有报以特别友好的态度。通常人们会认为，一个人如果不谄媚罗伯斯庇尔，那他就是波旁王朝君主制的狂热信徒。德·拉·拉雷尼埃尔的立场超越二元对立之上，因为他判断历史时代是否合理的标准是食物问题。他没有加入论战，没有在革命报纸上留下只言片语，不信仰最高存在，也无意于在吉伦特派和山岳派之间作出选择。他认为法国大革命是血腥的，它带来了饥荒，在完善礼仪和规则方面却没有带来进步，它是激进的政治风云，且基本与本体论无关。更糟糕的是，大革命为永远只是酒囊饭袋的资产阶级打开了一条通道。大革命之前人们对资产阶级充满敬仰的时代将一去不返。格里莫大力抨击了它的帮凶及猎犬的傲慢，到处宣扬大农场主是让人民挨饿的始作俑者，侮辱在父亲家进餐的一位公爵，指责他是“压迫民族的坏蛋阶层中的一员，可耻地享用国家的收入”，在1789年之前，格里莫总是当面攻击法兰西的贵族、大臣和军官，总之，一切都表明他既不是凡尔赛的朋友，也不与攻克巴士底狱的人交朋友。

这是因为格里莫是一个享乐主义者，自由放荡，叛逆不羁。任何革命都不能让他满意，除了一场朝着增添愉悦的方向发展的美食革命。他对时代的判断能力完全取决于该时代所能允许在厨房内出现的新事物。格里莫·德·拉·拉雷尼埃尔是进步主义者，他选择了科技进步的阵营，赞成一切新生事物，因此他在地下室安装了*舞台机关送神*，这样在地下室准备美食的同时客人们能在饭厅中享用美食。有心人还能发现对现代美食学的诞生作出贡献的那些名人——贝尔舒、布里亚—萨瓦兰——同样忽视法国大革命而醉心于餐桌革命。他们只喜欢介虫，不会真正为斯巴达而狂热。

在美食领域也存在反动分子和进步主义者、守旧派和现代派。前者感伤于逝去的时光，哀叹并宣布时代的堕落。美好的旧时代不复存在，在那个时代里曾有新鲜产品、洁净的食品准备过程、祖传的技艺和当地特有的菜肴。他们对童年的怀念和对童年时代美食的怀念混合在一起。在美食中，一切类似于现代性的特质都让他们变得真正的歇斯底里：新的食材在不知不觉间损害和毁灭了人的身体，危害人的健康、在身体里诱发出恶性肿瘤和赘疣；烹饪的新菜肴令人恶心，让人难以想象，并沦为笑柄；特色菜肴的新组合令他们愤怒。他们忘记了其实以前人们讨厌牡蛎配索泰尔纳葡萄酒，人们用餐顺序是先从吃水果开始的，人们在一道菜中把红肉和鱼搭配在一起，烹饪时既放糖又放盐，还忘记了一直以来竟然还用巧克力搭配鸡肉。在他们看来，过去是值得尊敬的，现在是让人讨厌的，而未来只能让人感觉世界末日的来临。每个时代都有这样的遗老遗少。

此外，还有一些进步主义者，各种追求强烈的新感觉的爱好者，他们信赖想象、勇气和新生事物。人们把与美食相关的技艺或发明归功于他们。的确，他们喜爱以前的烹饪法和美食传统，但也喜欢开创性的尝试和冒险。他们以当下作为存在方式，且怀有一点对未来的忧虑。有时，他们并不束缚自己对新生事物的渴求。意大利未来主义者没有被一些奇异的组合吓退，例如给生红肠加入咖啡和古龙水的味道或者将金枪鱼肉糜、苹果、橄榄、日本榛子盛在一个装饰了果酱的冷煎蛋上。同样，在有些地方人们吃土鳖肉，而中国人吃臭虫蛋饼，墨西哥人吃癞蛤蟆肉、金龟子通心粉、腌蚱蜢，或者在鲁昂动物学教授布舍家里会食用烟熏白蚁。食物首先是一个文化问题，并不是绝对地惹人喜爱或令人讨厌，只和它们所置身其中的文明有关，要放置在文明中才能对它们进行判断。美食进步主义者也推崇世界主义，他们赞成财产、财富、人、还有菜肴和菜谱的流动。格里莫提倡流动、传播和来往，用以反对区域封闭和地区主义，偏执于对土地的习惯和对食物的固守。

因此，格里莫赞扬了木薯粉或马铃薯的价值，对于木薯粉，大仲马曾给出一份存在错误的菜谱。格里莫对木薯粉的评价是如此的高，以至于他认为大仲马堪比荷马、维吉尔和西塞罗，一点也不比这三位伟人逊色。在当时，木薯粉和马铃薯是新的食物，它们具有的功效以及能丰富人们食品种类的作用令格里莫狂热追捧。同样格里莫热衷于新的技术，如密封灭菌消毒或电击宰杀牲畜。一方面，由于使用储存方法能够避免时间的侵蚀，从而使人们能在冬天品尝樱桃，夏天吃上栗子；另一方面，由于没有采用更残虐的方法，能生产品质更好的肉食，也减少了动物死去时承受的痛苦。除了食物和技术之外，他尤其喜欢的是新的器具。例如在《基督教真谛》同时代出现的酱汁锅，这种小的浅口平底锅作为一种烘焙糕点的模具，能引发更大的变革，比夏多布里昂的作品带来了更多的乐趣。布里亚—萨瓦兰后来认为找到一份新菜谱的价值胜过在银河中再发现一颗星星。格里莫还热衷于使用滴滤咖啡壶，认为它远远胜过旧式冲泡咖啡壶，因为旧式咖啡壶冲泡出的希腊式咖啡迫使人们不仅仅喝，还不得不吃咖啡。这种新型咖啡壶的发明者构想出这样精巧、简单、实用、高效的工具，能够用物理学原理给人们带来了品尝新口味咖啡的幸福，因此也得到了人们的纪念。

格里莫也为就餐服务的变化感到高兴。当时在准备食物的地下室和消费食物的楼上之间实现了不中断的衔接，目的是为了追求客人的舒适和安逸。在生产者和消费者之间的操作环节减少，食客从中同样受益，因为之前介于两者之间的中断改变了食物的结构、味道和温度，产生了破坏作用。烹饪是一门由时间和高超技艺熔炼而成的艺术：火神赫菲斯托斯是时间之神克洛诺斯的亲戚。

只有火候恰当才能成为真正意义上的烹煮或烤炙，也就是说，时间要掌握得当，既不多，也不少。少于或多于这段时间就不再是烹饪了，而是吃生食或焚化了。于是，人们弃用了仆人，因为他们拖拖拉拉，自认为是客人们味蕾趣味的主宰者和所有者，这点是不能让人接受的。为了替换仆人，格里莫大力提倡使用由厨房直接控制的货梯以及曾在品鉴评审会那场引起轰动的晚宴上使用过的转动桌面。他还开创了咖啡喷泉的先河。让我们回忆一下充满哲学色彩的午餐吧。

在享用美食的天堂之城和烹饪美食的俗世之城之间由一根声管连接。东道主的意愿可以传到炼金炉旁的炼金术士的耳朵里。厨师的声音向着主人的方向传递。随着言语的交流，款待客人的方式也随机调整，以尽量缩小期望和现实之间的差距。主人发出的声音指令通过管道下达，而不再借助仆人转达。的确很有用……

获得胜利的机器和机械装置被视作一个新时代的开始，后来被资本主义自由生产的模式吸收了：人们设想推动技术革新能使最多的人享受更舒适、更便利的生活，因此技术革新是出于享乐的意图，追求所有人的乐趣，替他们分担劳务的辛苦。只是格里莫的餐桌没有见证商品被赋予充分权利的时代。

如果能够改善食客的福利，那么任何改变都是受欢迎的。因此格里莫还考虑改变上菜的顺序，敲响法式用餐服务的丧钟，目的在于迎接始于督政府时期的俄式用餐服务时代的到来，直至今天我们仍旧在使用俄式用餐服务。直到 1870 年，为奥洛夫王子提供服务的乌尔班·杜波斯[1]才让一直被人们采用的法式服务变得过时。那法式服务到底如何呢？沉闷、冗长、令人失望。事实上，法式服务包含了三道菜，就像一个剧本的三幕戏：每一幕都持续约三十分钟。人们不更换餐具，用餐一开始就吃上了冷肉、鹅肝、乳酪和糖衣点心，因为所有的食物都是一下子同时被端上餐的。桌面上混乱地摆放着许多食物，于是很可能桌子这边的客人没能吃到心仪的食品，而那边的客人因吃得太多以至于积食而消化不良。一些人在狼吞虎咽时，另一些人在饿肚子。这就是不公平的令人失望的旧制度，一些人的幸福造成了另一些人的不幸。先用餐者享用到足够的食物是以稍后用餐者面临的饥饿和食物匮乏为代价的。这一处的富足来源于另一处

1 Urbain Dubois，俄国厨师。

的贫困。这是丛林法则的胜利，今天的冷餐会上仍然体现了它的逻辑和危险……

俄式服务意味着人们放弃了在法式服务中对空间、食物数量的偏爱：因为，采用俄式服务要按顺序依次上菜。一道接着一道，再也不会同时摆放上桌面，所有的食品沿着圆桌依次分配给食客。时间取得了对空间的胜利。按顺序上菜能带来一场美食革命，因为人们希望从对菜品的依次品尝中得到独特的感官体验：在品尝咸、甜、苦、酸等味道时，口腔并没有处于同样的状态。它随着苏玳的圆润或者桑塞尔的清爽，波玛的强劲或者玛歌的柔和而发生改变。享用完牡蛎后是一种体验，品尝巧克力后是另一种体验。俄式服务以渐进式品尝味道为原则确定上菜顺序。俄式服务带来对美食的体验，相比之下法式服务专注于食物，隔着时空遥相呼应了被称为“混食”的中世纪用餐方法。俄式服务对于美食学的意义相当于1789年对于政治生活的意义：终结了旧制度，开启了新世代。

这两种体系按照同样的运动轨迹在发展，唤起人们对新的社会契约、新的公民精神、以及和他人相处的新方式的渴望：格里莫给人们缔结美食契约提供了就餐礼仪的基础知识，更新了对东道主和餐桌公民的定义，并按自己的意愿提出建立一种新的主体间性，这即是享乐主义。

词源学提醒我们：美食学是一门关于律法、关于规范的学科。所有致力于推动美食学发展的人都很奇怪地与司法界有关联。贝尔舒是一位法官，也是一位律师的儿子。据说，他曾经写了一首约一千行的亚历山大体长诗，其中一句诗为阿谢特拉德一部已失传作品的名称。《美食学或餐桌上的人》尤其具有重要价值，因为它确定了现代美食学的诞生——1801 年。对于这门学科的名字，拉伯雷曾建议使用“胃肠医学”，蒙田使用“关于嘴巴的科学”。后来，傅立叶使用“胃肠哲学”。然而只有“美食学”才被广为接受。贝尔舒不仅使它成为了一门科学，也成为了一门艺术。他不拐弯抹角，而是理性地建议将烹饪归类为工艺。而在同一年，远没有为口腹之欲上心的布里亚—萨瓦兰出版了《政治经济学的观点和设想》。1778 年，他像家族的前五代人一样穿上了律师袍，第一次为人辩护，自此开始了他的律师职业生涯。在从事法律工作的同时，他学习了化学课程，并时常和奥图耶的圈子来往，还认识了当时受人追捧的空想理论家们。

贝尔舒、格里莫和布里亚都以自己的方式制定了规则：第一个以诗人的身份写下了不计其数的诗句；第二个以怪诞的芭蕾舞剧大师的身份，关注趣味写作、戏剧和舞台装置术；第三个以哲学家的身份，信奉感官主义、医学和科学。他们在美食学领域的著述和拿破仑立法体系的建立处于同一时代，这不是偶然：拿破仑的民法典形成于1804年至1809年期间，刑事诉讼法的立法始于1809年，而刑法始于1810年。在19世纪的最初十年中，法律逐渐体系化的同时诞生了美食学一词，并为现代社会所接受，美食评论由此出现，对美食的思考逐步系统化，现代用餐服务也得到实践，总而言之，人们见证了格里莫所称的“超验性烹饪法”的出现。

这三个人之间的关系是奇怪的：人们认为贝尔舒的贡献不仅仅只是挖掘了阿谢特拉德的诗句，因为是他第一次明确提出了宴会东道主的权利和义务，后来这部分内容出现在格里莫的作品中，但是格里莫既没有注明引用出处，也没有向原作者致敬。《美食家年鉴》的作者所持的沉默态度也被布里亚—萨瓦兰所效仿，后者在作品《味觉生理学》中也从来没有提到格里莫。据历史记载，叛逆的格里莫晚年隐居在外省宅邸时，曾承认了贝尔舒作出的伟大贡献，也并没有因为自己从未没有得到布里亚的致谢而感到生气，而那时候布里亚两卷本的作品已经获得了极大的成功。如果将两人的著作一并阅读，会发现格里莫作品被布里亚抄袭了不止一次。但是当时没有像现在这样在知识产权方面提出道德要求。

虽然贝尔舒是以游戏的态度写作亚历山大体诗，但他是第一个明确提出了我称为“美食契约”的专业领域，从中产生了东道主、受卢梭思想影响的公民所采用的烹饪方式等专业知识。首先是主人对所有达官贵人的义务。关照所有宾客，让他们都感到愉快。懂得满足他们的欲望，预知他们的需求，避免让他们意识到缺少什么东西。所有人都应受到平等的礼遇：同桌就餐的人没有贵贱高低之分。其中一位宾客获得的愉悦也能为另一个人带来了愉悦。于是人们忽视了彼此的社会角色，因为平等主义在餐桌上具有支配作用。宴会主人还有责任让每位客人以各种可能来展现风采：学识渊博、能力出众、所有客人的注意力完全被吸引住。人们探讨着饮食而不会做无稽之谈。总之，必须避免谈论政治话题，一旦涉及政治，会立即带来麻烦、混乱，在客人之间引发最强烈的敌意。在餐桌上，将最好的食物呈上来，当然，每一道菜都被吃得精光。菜品是无可挑剔的，主人让人斟上最精美、最稀有的葡萄酒，奉上最珍贵的香料。一切可能干扰餐会的事情都会被避免，任何东西都不应打扰在餐厅中建立起来的和谐关系。最重要的只是所有人的快乐。

格里莫修正了美食诗学，但没有提出有悖于贝尔舒的观点。在宴会东道主的义务之上，他补充了实践享乐主义所需的品质。当然，在餐桌上，美食家赋予了食物深刻内涵，精挑细选，细致地感悟，享受美食带来的愉悦。如果资产者只是人云亦云，美食上的审美主义者会补充一个他不会抛弃的观点：高超技艺、理性和永远清醒的智慧。享受美食，就是为精神、思想和判断力提供养分。

如果没有对空间和时间的绝对掌控，那就称不上杰出的接待艺术。在美食舞台上，主人主宰一切。除了调动愉快的气氛，让宾客敞开胃口，善于应酬，他还要随时关注身边情况，留心不要错过合适的时机。在这种场合下，他要让餐盘和酒杯都随着他的心意盛满美食，既不会太满，也不用太寒碜。用当时的话说，他能恰到好处地发出“多一点”、“差不多”、“少一点”的指令，否则太多或太少都是不合适的。

如果需要切分一只家禽，主人会展现他的精湛技艺。旧时代培养出来的“切肉侍臣”用餐叉扎住家禽，甚至不用将它搁平就可以完成任务。他确实熟知家禽的构造、关节和切开的各部分。这是一位解剖学者，一位外科大夫，他也知道如何把切下的肉块分到宾客的餐盘中。永远要按顺序，把握分寸，谨遵礼仪。《东道主手册》中的《论肉类分割》几乎就是一篇关于伦理学的论文，人们在其中可以读到对科学、艺术、技术、灵活性、敏捷性和创造性的赞扬。不了解如何切分肉类相当于不知道书写，拥有一座图书馆却不知道如何阅读。人们的确应该认真考虑这个问题……

主人的各项才能中还有一项是营造场景的艺术。例如，葡萄酒及其合适的温度，还有饮料和食物。在大仲马的笔下，在一场宴会中，葡萄酒属于精神部分，而肉类只不过是它的物质部分。一位优秀的东道主能够将这两种必不可缺的部分恰如其分地展现在宾客面前。同样地，他还懂得如何将宾客组成搭档，因为要避免让有门第差别的人坐在一起，门不当户不对是引起人际矛盾的原因。无论何时，不同脾气、不同性格的人并不是随随便便就能融洽相处的。

一旦涉及邀请、致谢或者根据礼节和日程表排定日期，餐厅的主宰者也必须具有灵活的社交才能。他的社交艺术在格里莫称之为“与营养学相关的来访”中得到了充分施展。这种拜访的表现形式多种多样，但目的明确：“预备型来访”表明这是一个潜在的，可以考虑的客人；“消化型来访”是为了感谢主人之前的邀请，客人在宴会结束至少五天后回访主人，但不超过十天；还有“回头客型来访”，目的在于间隔一段合理的时间后希望得到主人的再次邀请。

所有的惯例形成了一整套关于美食的礼仪规范，主人和客人之间的美食契约构成了这套礼仪规范的精华。此外，格里莫的意图在《东道主手册》这本作品的副标题中得以体现，即“所有希望自己及客人能享用到美食的主人的必备宝典”。享乐主义是双方的义务，作为一门关于愉悦的哲学，它应该知道人们的行为、言语和习俗。所有个体的快乐只有相对于他人才具有意义。人们不能宣扬以自我为中心的快乐。自我的感官满足要将他人也得到满足作为一种可能条件。在这种修辞中，被分享的幸福成为了一种政治的构成因素。主人按照自己的意愿在宴会宾客中唤起的集体狂欢让人看到了一个可以拓展到整个社会的计划的雏形。

作为一个具有伦理和审美意义的有机体，餐桌属于贵族，对社会阶层具有选择性。人们在桌面上大手笔挥霍，展现奢华气派。财富是为贵族的高雅品味服务的。到处都在上演着优雅的举止、和蔼的态度、愉悦的心情和话语中隐含的微妙意图。主人是一位专注细节的艺术家。他像雕琢手工艺品一样来考虑细枝末节的问题。在主观上，他以幸福主义为努力的方向。分寸和技巧一样，都是必不可少的。在格里莫看重的礼仪方案中，他希望当每个人走下餐桌时，将保留着餐桌上曾只有自己独自呆过的印象。放弃了自己的个性而听从主人的意愿，客人能获得一种完满的感觉。

然而，《美食礼仪》还要求就餐的宾客履行几项义务，因为不能只享受权利而不承担义务，反之亦然。客人只需完成合乎情理、且几乎是让人感到幸福的义务。来看一下：对表述明确的邀请函要准确、及时地回复；必须按照约定的日期时间到达；要吃完餐盘里的食物、喝光杯子里的酒，要和其他客人聊天；在接下来的半年不要在背后议论主人的坏话；也许最后这项规矩是最难遵守的，因为比起只需用两分钟就可以关上一扇门来说难道还能够忍受更长时间的折磨吗？为了不让他人说自己的坏话难道每年邀请吃两顿饭就够了吗？那也太廉价了……

礼仪手册既涉及就餐的人，也同样提到了为就餐提供服务的人。格里莫对东道主和管家之间的关系也做了定义。由于印欧社会按照三元论模式在运转，源于美食学的享乐主义群体对关于宾客阶层和劳动者阶层的高深学问也有所论述。道义论调整了两者之间的关系，因为对于请客的主人而言没有什么比在地下室劳作的人更重要：前者将他的成功和社交世界的和谐归功于后者的能力、技艺和智慧。管家的生活质量与其说事关主人对他的关心、友爱或好感，还不如说是一个事关自身利益的问题。如果厨房得了伤风感冒，饭厅也会打喷嚏的。这将引起一片混乱。

为了减轻烦恼，预见所有可能出现的较大失误，主人根据非常精确的标准挑选忠诚的管家：的确，管家必须热情高效地实践他的艺术，但他同时也必须是一位对美食有出色的品鉴力、具有预见力、服务周到、计算精准、说话讨人喜欢、亲切而彬彬有礼的侍者。他还能向直接听他发号施令的厨师长证明他的权威是来自于实际能力而非专断。在每一个岗位上，他都能展现出专业性。

管家和主人之间存在着他和厨师长之间同样的关系：信任、尊重和热情。格里莫深谙当时厨房的工作环境，他希望管家能够关心厨师的健康：在炉灶边工作是危险的，他们会面临高温、灼伤、蒸汽以及烧炭时挥发出的有毒气体的威胁。作为美食学家、医生以及一家之主的格里莫开出了泻药的药方。实际上他要求管家能够从厨师长处得到定期通便的保证，以便厨师长能在炉灶边一直保持高效良好的工作状态，否则的话，由于暴露在不利的工作环境里，且在烹饪时尝试了过多的调料和食材，很可能损害他的健康。此外，在雇佣合同中，格里莫富有远见地加入了一个条款，按照该条款规定，为了确保每次宴会的顺利举行，厨师长必须承诺接受上述要求。多奇怪的职业氛围……如果每一条建议都被遵守，如果每一个人，站在自己的立场上，都能为他人的福祉作出贡献，如果所有的人都接受契约游戏，那么我们有理由相信文明将占据支配地位，餐桌获得了贵族头衔，遵守美食礼仪的场所、时间和空间在餐桌上实现了统一，而将美食礼仪作为预备阶段的交际正是主体间性的实质，因此，也是一切名副其实的伦理规范的实质。格里莫希望并实际建立的*饮食秩序*，是精英社会的秩序。他所有的作品描绘出一个享乐主义社会，并提出了如下观点：餐桌是社会的缩影。文明、精致、殷勤、对他人和自我的关注，以追求愉悦幸福而设想的主体间性，慷慨以及挥霍，在饭厅中和在生活中具有同样的意义和影像。在实践中知微见著。戏剧，永远的戏剧……

第三章

通向生殖器之路

——悼挪亚

在《旧约》讲述的故事里，在青蛙雨和未经燃烧即焚毁的荆棘中，我对挪亚有一种特殊的偏爱。他是百兽之友，收留了许多对不同种类的动物。我们将现在常见的牲畜、当然也包括过去存在过的动物归功于他的庇护。如果没有挪亚，就没有恐龙、始祖鸟以及其他的侏罗纪时代的物种，没有蛇颈龙或始祖马。因此，也不会有屠宰马的生意。同样，也不会有人的存在，因为在那艘用柏木制作的，散发出强烈柏油味道的方舟里，这位老人已经捎带上了从地球上的人类家族里抽取的几个直立人样本。我们只能靠自己才能得到最好的服务。于是，船上还有瘤牛和金凤蝶，母鸡和海狸鼠，水貂和银狐，海豹和女婿，儿媳和孩子们。随他们去吧，因为上帝已经下定决心要报复人类，这也将成为一种习惯。他决定用一场洪水来实现这一目的，真是一场滔天洪水。上帝竭尽自己最大的努力，这个说法可丝毫不夸张，因为大雨下了四十个白昼和四十个黑夜。按照那些精通数字的专家的说法，大雨持续的时间比一段长时间要少四十天。上帝爱记仇，还爱报复。大地被淹没了。当他希望消除恶时，所有的一切被一并消灭了。除了挪亚及家人、迁徙的动物园之外，万物都灭亡了。

上帝知道节制他的怒火，终止了他的泄怒之举。雨不再下了。但是洪水泛滥，不得不等待一百五十天，洪水才开始逐渐退去。方舟搁浅在亚拉腊山上。让我们略过曲折的情节，比如飞走的乌鸦，飞回的白鸽，橄榄树的枝桠，这棵橄榄树在水中浸泡了如此长的时间后仍能迅速地长出新叶，如有必要的话，它应该能够证明上帝的仇恨没有发泄在树木身上了，因为船是停在坚硬的土地上。在水里经历的曲折故事结束后开始了另一个故事，这一次是在陆地上。

在厌烦了漂浮在水中的生活后，挪亚希望庆祝一下自己重返陆地，仿佛是为了更好地表示他对水的厌恶是合情合理的，他发明了葡萄酒，这是永远保持严肃、也永远无法感受喜悦的上帝没有料想到的。我们也不要忘记：水是上帝的创造物，而葡萄酒是人类赠与的礼物。我们可以展开所有想象。正是在离船的残骸不远的地方，在卢巴山上——这不是杜撰的——挪亚种下了葡萄树。有哪些葡萄品种呢？莎斯拉、解百纳、梅洛还是霞多丽呢？出于语义上的原因，肯定不是味而多。无论是哪个品种，我们都不可能知道。更不用说葡萄株的来源了。是否可以想象一下在船的底仓，除了一对对动物外还存在植物物种和成对的葡萄株呢？这都是谜团。总而言之，挪亚至少种下了，或许是移植了葡萄树，他肯定照料过这些葡萄树，因为在四年的耐心等待后他收获了第一串葡萄。那时还得注意防治霜霉病和白粉病：葡萄种植者的始祖是不被允许犯错和犯糊涂的。采摘葡萄是在第七个月。挪亚把葡萄压榨好，装满了所有的器皿和羊皮袋，然后留给时间酝酿五年，这是一个聪明的方法——汝拉山脉里酿制黄葡萄酒的人就证明他们保留了这一古老的方法。

在一年中的第一天，为了保留其象征意义——所有昭示开端的东西都是与众不同的，反之亦然——挪亚决定举行一场宴会。于是，他献上了燔祭：一头公牛、一头公羊、七头一岁的母羊，一头用来献祭赎罪的小山羊——悲剧的词源由此将被人们记住。这些是固体祭物。至于液体祭物，挪亚用上了他的劳动果实，品尝了自己酿制的葡萄酒。

如果我从盛宴结束后挪亚的状态来判断的话，品尝显然不是合适的词语。文献资料表明，他躺在帐篷里，失去了意识：我可以想象他尽全力挣扎回来，在帐篷里跌了个四脚朝天，发出沉沉的呼吸和响亮的鼾声，四肢被冻得僵硬。这位曾远洋跋涉的船长被酒精征服了，完全被击败，以至于连方向都搞不清了。他的腿搁在地毯上，胳膊裹在斗篷里，醉得完全不省人事，以至于他在睡梦中不知不觉地露出了自己的生殖器，像一位庄严的国王坐在顶篷下。不幸的事就从这里开始了，因为这样展示的阴茎很容易被经过的人看到。例如含，挪亚的一个儿子。那时弗洛伊德还没有来到世上，但是他有先见之明地预言了受到精神创伤的后代的未来。突然意识到他看到了父亲的生殖器！这比洪水和世界末日加起来还要更糟糕。

含的反应是怎样的呢？他既不害怕，也不认为自己经历了一场恐惧的事情。没有突然出现厌食症或暴食症。没有任何征兆的迹象，除了他的笑容，还有不幸地是他去找他的两个兄弟，和他们分享这件有趣的事。可惜呀！闪没有幽默感，但具有家庭观念。雅弗也是和他一样。两个人回到帐篷里——游移的目光危险地落在了沉睡的阴茎上——赶紧把父亲裸露的身体遮盖好。

第二天，挪亚知道了小儿子的恶作剧。由于和另外两个儿子持同样的看法，父亲没有轻率地放任事情就这样结束，而是诅咒了含，这给含带来了许多烦恼。他要为自己对父亲的不尊重而付出代价，哪怕父亲喝醉了！已经成为葡萄种植者的老船长作为一个法学家继续他的职业生涯，他颁布了许多法律，其中有一些法律禁止了淫邪。肯定有许多兴趣点占据了他长达950年的生命，因为直到被葬入卢巴山之前他才把生灵还给了那个时代。

我喜欢挪亚，不仅因为他是一个能干的搬运工，更因为他想到了连上帝都不敢想象的事情：让自己变得轻松、跳舞、*稍微减轻强加于我们的生命之重*。一个关心禁果，另一个关心酿制和蒸馏。前一个划开了黑暗，形成了一片混沌，创造了光以及诸如此类的琐碎事物，后一个为这幅画增添了美酒，若没有美酒，画将是不完美的。如同在其他神话中出现的情节，挪亚用行动证明了发明葡萄酒正是对洪水泛滥的反抗。在挪亚之前，《吉尔伽美什史诗》讲述了水的确是一种无色无味的液体，由矿物质煎熬而获得，是一颗无瑕的珍珠，象征着忧伤，也象征着我们没有爱情的平淡无奇的命运。至少，需要葡萄酒来诉说丰富的色泽、各种各样的香味。就让我们想象一下：糊状的玫瑰花瓣和桃肉，香草和佛手柑，松露和甜椒，俄罗斯皮毛和火刀石，野兔的肚子和樱桃……大洪水发挥了净化去污的作用，是水取得的胜利。挪亚把生灵的繁衍、哺育托付于大地和万物。关于酒精的一切形而上学都不能省略从水到葡萄酒的蜕变，从大洪水到葡萄树，以及从理性到葡萄的过渡。

酒醉是奇妙的，引导我们触及一些能照亮、揭示出理性如何作用以及理性的边界等奥秘。我完全无意称赞经常喝得酩酊大醉的人，酗酒使他变成了酒精的仆从，一副被酒精浸透的身躯。酩酊大醉将人变成忍受痛苦的物体而非有个人意愿的主体，我不赞同这种行为。不仅是由于道德说教的原因，更多是出于塑造自我和审美唯意志论的考虑，这是我在其他著作中论述过的，我认为养成一种气质、一种性格是非常重要的。

酒醉是我称赞的一种状态，它意味着人的思维是被酒精蒸发的气体扰乱，而不是因过多摄入酒精而变得麻痹。品尝葡萄酒和其他具有魔力的饮料包含了对边缘、边界的偏好，而越过边界是没有折返余地的。饮酒要求人们能以足够的精确度和灵活度来掌控自己的身体，这样可以要求身体和一个世界仅仅擦肩而过，因为在这个世界中，若缺乏技巧和敏锐的感知，人会完全地陷入混乱的状态。为了描述这种人能在其中体验到轻盈的状态，在将话题转移至一种过于沉重的堕落之前，我想使用了利特尔在他的词典中用简短的注释进行了谨慎解释的术语：醉酒（ivresse），一种介于酒醉和酩酊大醉之间的混合状态，我把这个词的词形构成视为其意义的表现手法，对漩涡的向往和接近漩涡的混合。这个新词将醉酒和工业革命以来出现的酗酒区分开来。醉酒能让人们对边界进行探索，寻求在已发现的边界之外像平常一样保持平衡。酗酒意味着喝酒的人已经物化，从此无法戒除酒精。通常，对酒精的依赖与酗酒者无法从自身找到能支撑他维持体面、抵抗人生痛苦的力量相关。他希望寻求慰藉，但无法依靠精神力量获得满足，这常常导致他转而求助于精神药品的帮助，若读者允许我曲解词源学的话，精神药品也被视作精神的支撑。在这种情况下，酒精与其说是财富的形而上的符号，不如说是深切苦难的见证或者性格缺陷的证明。

伴随欧洲大规模的工业化，同时出现了酗酒这一社会现象，不久后人们很快提出了酗酒的概念。它指出了人对现代文明的不适应，希望反抗悲惨的生存境遇的极端诉求。古希腊人用忘忧草酿制了一种神秘的酒，具有让人忘却烦恼的作用。这种饮料承认了人的主观意愿的无力，证据就是它已经像一个阴影笼罩在当时的世纪之上。酗酒者的酒醉不是我讨论的主题。

挪亚提供了证明：我认为醉酒是合适的，因为它是试验性的摸索，是形而上的思辨，也是一次经过调整的激情的实践。人们向往能够达到这种醉酒境界，内心希望的是暂时中止理性思考——而非破坏、毁灭——或者为了从束缚中得到片刻休息，或者是为了了解理性的形态、边界、内容及作用模式。我对纯粹的理性本身予以的评论即在此找到了根源。

我青睐的状态是灰色。我希望人们可以保持灰色而不会承担通常与它所蕴含的颜色相关的负面性——尽管有专家宣称它不是一种颜色。因为灰色是燃烧后残留的灰烬，一种颜色的缺失，一种中空的特质。它描述了灰尘或者正在老去的人头上发色的特征，是阴沉天空的标志，对黑格尔而言它是黑暗的后代，或者修饰陈旧颜色的形容词。夜晚是属于灰色的时段，是属于流浪猫、巡逻的大兵，专门从事脏活的人的时段，审慎是它的主要德行。

那么为什么是灰色呢？在中世纪，当艺术家要描绘主持最后晚餐的耶稣时，通常将他表现为身着灰色的斗篷，因为灰色是处于过渡带的一种颜色，一边是寓意死亡的黑暗的黑色，一边是寓意复活的光明的白色。它由同等的黑色和白色构成，其特征是处于所有对立颜色，如黄色和蓝色，红色和绿色，白色和黑色的中间位置。灰色位于所有颜色的角力场的中心点，它呈现了明亮和黑暗于交融之处形成的平衡：比黑色更明亮，比白色更阴暗。同样，在与现实的相交点上，我们给醉酒赋予的灰色是介于两种基本颜色之间：理性与疯狂，智慧与妄想。不喝酒是白色，完全喝醉是黑色。醉酒即是朝着无理性和激情的方向前进。它表明了在神奇的酒精和理智之间多么相似，以至于人们用烈酒来形容前者。

事实上，边界限制了理智，以思考、判断、逻辑推理和分析等活动征服了它，而醉酒则将理智从边界的约束中解放出来。葡萄酒具有宣泄情绪的作用。这就是在我特别钟爱的葡萄酒中有忘忧堡的原因，因为它整体上宣告了喝酒的人与酒神相聚的意愿，向往进入醉酒状态的意图。

当阿波罗取得完全的胜利时，狄奥尼索斯也必然在场，这就是我们的文明经历的现状。弗洛伊德在《文明及其不满》中出色地解释了为了确定一种持久的文化形式，代价是放弃激情、冲动和本能。这种放弃是引起不适感、苦恼、痛苦、忧郁和精神官能症的原因。它产生了压迫感、沉重感，将人的生命异化成了一条历经苦难的道路。欲望被视作不幸，享乐被视作过错，而肉体愉悦被视作原罪。剩下的只有忏悔、谢主恩和祷告。或者在既能解放肉体，同时也能通过理智的翩翩起舞而解放思想的其他方式中，我们还有葡萄酒。

五种感官的和解使得肉体放松下来。感官本身就表达了享乐的态度，表达了追求肉欲享受的意愿，这种主观意愿将肉体变成了其他的物体，一个将精神包裹起来的纯粹、简单的外壳，而不是灵魂的栖息地。然而，酒出现在通达人内心的感官之路上：它渲染了人们的热情，这种状态若从词源上追溯，用兰波的话说，“所有感官的持久、无限、经审慎思考后选择的放纵”是显而易见的。在由醉酒引起的出神状态中，人们的感觉体验被改变了。

当莱布尼兹在作品中提出这种状态涉及了获取细微感知的无能时，我总会想象人们没有感受到随之而来的感官愉悦：感知的无限只是一纸空文，因为它们当中没有统觉，没有思考，既没有足够大，也没有足够多，在灵魂中过度迷失，在情感表达中过度混乱，当它们满足醉酒的条件时，就变成了显现的感觉。单子的哲学家又提及了风车的转动、瀑布、大海的咆哮或喧嚣，以及对现实产生持续影响的所有极其细微的改变——从每个人和自我的关系到和他人、然后和整个世界的关系。

细微的感知总是让人的内心最深处变得活跃，它作用于人的身上，将其置于不安静的状态。以一元心灵为对象的吸引活动的增加产生了眩晕感。黑暗征用了肉体，它藏在每个人体内，被肉体包裹，像穿上了一件仿呢绒外套，外套上折出了所有的褶子，而褶子里存在着能量、力量，以及这些奇怪的能产生幻觉的微感知持续发出的簌簌声。德勒兹[1]在写作中使用的是“汩汩声、雾、喧哗”以及“灰尘的舞蹈”。在单子的基础上，我们排除了褶子的无限性，在每个方向这些褶子形成而又消散，出

1 Deleuze（1925—1995），法国哲学家。

现了以狄奥尼索斯冲动形式表现的同一性的分形物体。微感知首先是不明朗的，混沌的、昏暗的。它们在萌动，在意识和思考构成它们之前总是处于盲目的状态。接着，它们组成了我们的宏感知，清醒、明亮、清晰的统觉。我们无法在一片喧嚣混乱中区分所有同时响起的独特的声音、特定的词语和清晰的话语；相反，从这片喧嚣混乱中突然出现了准确完整的形状，清晰、如闪电般划过的意识。黑色的混沌总是躲藏在明亮的显然之下。

一元心灵受到强度的细微变化的约束，这种变化程度几乎无法被察觉。它经受了偶然性、扩散和混乱的欺辱。在莱布尼兹的假说中，也许只有上帝能清晰地感知多重的碎片，闪现的意识以及从中浮出的一切。因为只有上帝才可能拥有永恒的思维和自我反思，这些都是获得统觉的条件。然而对于人而言，尽管他具有思维和感觉，但并不总是处于一种意识状态，能让他像造物主那样区分模糊的微感知和清晰的统觉。于是形成了数量有限的、准确的、局部的意识状态。在引起幻觉的宏感知中，统觉是被意识塑造而成的精神形态。正是在这个过程中，酒精扰乱了理智，改变了意识的存在状态，让思维变得模糊，从而令人体验到幸福，让理性的时间暂时停止。

对酒的节制能更快触及具有平息情绪效果的统觉，而醉酒是产生持久眩晕感的根源。它给思想的混乱增加了一丝混乱，使处于微醺状态的人更添醉意，让微感知跳起了令人眩晕的芭蕾。对于词源意义上的焦虑，它给新的焦虑增加了情绪波动和无力感。晕厥、眩晕和清晰、明辨形成对立；狂怒的狄奥尼索斯，狂热的酒神女祭司和希望得到标准、形式、平静和秩序的阿波罗形成对立。在清醒的意识状态发生任何变化之前，醉酒以赞同的态度附和了微感知的舞蹈。它松绑解放了理智，设定了意识混乱的期限。想入非非的特性得到了加强和确定，无限延期了意味着精确的统觉的全部能力。醉酒有效地使精神状态变得或紧张或放松，它增加了思绪的涌动，挑起了眩晕，而引发了秩序的束缚。其实这些眩晕感的存在比自觉的、清晰的感知更早。能量、活力、力量在自然状态下是流畅的，充满野性的，醉酒为裸男舞蹈曲增添了恍惚和迷离；它扰乱、放大了梦境和狂怒，推迟了和谐的效果，直接指向了通往联觉之路。

正常的理解力能够领会交汇处的清晰意识，它只承认混合在其中的感知；被半醉扰乱的理智放大了感知的能力。声音变粗了，扩散开来，发生衍射，被反射回来，以新的音色再次响起，它们的音量变大，更加深沉，更加动听或更加吸引人。图像服从于相同的规则，经历了相同的命运。被置于联觉之下的其他感官亦是如此：形成了新的兰波式交感，其中充满了五颜六色的元音、明亮的音乐，发出声音的触感和沉甸甸的芬芳。水果、香料、花朵用来描述人的身体；韵律、节奏、和谐用来解释画作；平面、褶皱、块状用来形容音乐。不同的词汇融合交织在一起形成了新的智慧。艺术家的创作激情是一场令人悸动的幸福，通过意料之外的路径，将人们引导至事物的内心，直达本质。

寓于此状态之中的欣快症显示出它与幸福论具有词源上的亲族关系：善良的精灵，良好的精神，这是从几乎纯学究的角度上来审视。醉酒状态意味着激情，还有被支配、顺从和迷乱。在古代类型学中，尤其是柏拉图在《斐德罗》之前提出的类型学中，我们几乎没有远离过占卜、诗学、色情和 telestique 这些所有让人能从自我中完全或部分地抽脱出来的状态。由此产生了预言、灵感、创造和繁衍的欲望。阿波罗、缪斯、厄洛斯和阿芙洛狄忒，还有狄奥尼索斯，依旧存在，直至永远。所有享乐主义主体都意味着皮肤包裹着的部分自我被另一部分隐蔽的、被忽视的自我唤醒。人们认为被诅咒的自我原本沉浸在长长的睡梦中，在发酵，也在走向衰弱，然而它因醉酒而受引诱，变得激动，听从了命令而舒展开，从沉睡中走出来。对于体验过这种状态的人，希腊人说他是“被神鼓励的人”，有些学者会用en-dieuee来翻译。为了使用能够指向“神”的词根，我更倾向于使用enthee一词，原因在于其中包含一个意义指向“神”的词根……和古代的神一样，被神鼓励的饮酒者到达了无忧无虑、轻松、纯真的境界，他在内心深处感受到了和自我的和解以及异化的停止——被定义为自我中最丰富的部分的结合。

然而忘却自我、舍弃自我最丰富的部分伴随着有痛苦，不管是有意识抑或无意识，伴随着心烦意乱和焦虑。也许仅仅只在某些瞬间，变成他人的愿望扎根于一种形而上的预先的不满足中。悲剧并不遥远。精神上的欲望与肉体上的占有相连接的。时间被计算在内，欲望多过愉悦，从生命之初开始就服从现实的原则，跟生命的单调相比，想象和假设时常在耳边窃窃私语，一种不满足感占据我们的内心，所有这一切都令人觉得日常生活如同负担，有时候这样的负担又不由让人痛苦地感受到生命的本质。在所有的道德规则中，对醉酒的渴望都是可以接受的：世界上没有人会忽视具有安慰作用的形而上学以及能帮助人宣泄情绪的物质。此外，如果狄奥尼索斯不允许的话，阿波罗也不会这样就获得胜利。

引起人们向往醉酒状态的激情是一种来自儿时实践的遥远的回声。人们渴望仅仅借助喝醉就能从生命的沉重中解脱出来，在这种渴望中带有一种回到过去的憧憬。于是我想到了，对于希望暂时逃离成人世界的残酷的那些人，在他们选择的游戏中，存在一系列专门属于被罗杰·卡洛瓦称为“眩晕游戏”的活动，即对眩晕的嗜好、让感知哪怕只在一瞬间失去稳定性的愿望，目的是为了让通常用来实现平衡、节制的理智和意识体验到一阵恐慌，最终达到让理智和意识痉挛、暂时中止的效果。

自我放逐于眩晕的涡流中将产生一些和狂热、欣快症、痴迷相类似的精神幻觉。对快乐的渴求本身即蕴含着对浸润在另一种陌生理智中的认同感，这种陌生的理智变成了思维舞蹈的大师和控制者。若上帝存在，也许要到精神深处的空洞里去寻找他，在物质内部，生命力是充沛的，是对富足的接近和对高昂花费的向往：首先，在假设的精神放纵到来之前，眩晕状态显然已经和生命力的容器取得接触了。接着，她从思维的游戏中汲取养分，并带着在边缘处游走的危险，因为从边缘处滑落的风险是不容忽视的。为了创造一个世界、一个社会，必须放弃这些独特的力量以利于形成一个完整的、吸收了所有可能的一切；为了获得喝醉的体验，必须将这些同样的力量从它们所栖居的人身上释放出来，因为人能从花费之前的储蓄中获得乐趣。醉酒证明了另一方面被忽视的能量的存在。狄奥尼索斯式的丰富向生命重新引入了那些眩晕的*游戏*之外的物体，它们被当作祭品，且被转变为能毁灭肉体和灵魂的能量。

在那些赞同社会力量的唯一合法性的人看来，被浪费的个体的力量永远都是可疑的。如果说醉酒是导致挪亚的生殖器被窥视的原因，那并不是偶然的，因为这构成展示其阴茎的可能性条件，而阴茎被视作繁殖力、生命力、创造力以及一切习惯被遮掩起来的事物的象征，因为我们展示的仅仅是一些依靠被献祭给集体理想的生命力而制造出来的死气沉沉的建筑物。酒为每个人揭示了狄奥尼索斯在他身上的潜在力量。它显示出一些独特的、唯我论的用途，不同于服从于聚生晶簇的原则，它能激发蕴藏于个体内的生命力。

儿童不懂得害羞和含蓄，理智的专制和习俗的影响力。醉酒的人也同样如此。他陷入因醉酒而引起的眩晕中，朝着欠文明、但非野蛮的地带迈进了一步。深度醉酒将饮酒者变成了没有生命力的烂醉如泥的物体，它违背了双足行走的象征：直立、被解放的手、进化的大脑、被裹着的皮肤、还有语言、智力和推理的能力。它是作用于*直立人*的松弛力。

朝着直立人及猿人进化的道路是漫长的，也是痛苦的，付出了人类化的代价：对所有我们身上给人留下动物性印象的特质不兜圈子地予以批评，对肉欲的永恒诅咒，怀疑所有不属于制造天使以取代野兽的计划的东西。必须放弃嗅觉和味觉，必须放弃鼻子和嘴巴，是为了视觉和听觉的利益，而这两种感官鼓吹了形成距离的优点。我们不再用鼻子闻，不再用嘴巴品尝，我们用耳朵听，用眼睛看。我们不再用四肢在大自然爬行，我们用双腿在城市内行走。人代替了动物。而这些就是我们要反复灌输给每一个新生命的内容，目的就是为了让他社会化、人性化，要驯化他，让他从童年时期的爬行进化成在地面上行走。

酒阻碍了所有的进程，在效力持续期间，它将人类脱离自然的意愿推向了反方向。被文明视作劣等、被削弱的感官，借助饮酒而重新获得优势：嗅觉和味觉——为了观察酒的色泽而迅速让位于视觉……鼻子、嘴巴、颚、舌头、黏膜、芬芳、气味、滋味，所有流露出原始性的东西都获得了荣誉。喝醉状态同样表现出反抗优等感官的效果：我们看得不再清晰，视野变模糊，有时候会看到重影，很难将视觉的注意力集中起来，视野变得狭窄了；声音属于一种新的稳定性，更加流动、更加具备金属感，它们产生回音，反射回来，互相碰撞，引起了思维混沌，有时这种混沌并不缺乏吸引力。人们的眼中不再有自己平时总是尽力忍受的人；人们也不再听到他们的说话声，因为声音完全被淹没在一片混沌中。这是一种幸福。大脑变得沉重而思维变得轻盈，在享受这种矛盾。受影响的是人进行思考的地方，这也是智慧、记忆和学识栖居的地方。那可要保护好让人变得理智的思考工具！斯巴达人准备喝酒时，为了缓解酒劲上头后的不适，他们将额头箍住，避免酒精过多过快地进入脑袋。我们不确定这样做是否真的有效……

终于，在最坏的那种设想中，饮酒人越来越远离灰色，越来越靠近黑色，不再是微醺陶醉，而是逐渐进入喝醉状态，他像一滩泥瘫软下来。在倒下之前，他的脚步踉跄，失去仪态。于是，防线被突破后只剩下崩塌。人不再是文明塑造的最终成果。他重新变成了胎儿，或者躺在地上，就像在苏格拉底之前的哲学家所想象的在人类历史最初阶段存在的那些生物：接近于和烂泥混在一起的动物。在那里，教义告诉了我们个体发育，即每个人的成长，简要说明了群体发育，即整个人类的进化。彻底喝醉引起了价值观的转移赋值。它侵犯了秩序，犯下了严重的罪恶。

为了防备暴风，确保人类的发展朝着同样的方向进行，尽管出现了历史事件的波折——让我们做一回黑格尔的信徒——借助于伦理阉割来挑唆不同文明的权势都将酒当作了主要的敌人。宗教、说教的道德、所有从被尼采称之为*假道德*中渗透出来的东西从诅咒醉酒中获得乐趣。所有对激情流露出好感的作品都应受到谴责：一神论宗教以及由此形成的伦理道德对喝酒行为和醉酒已经颁布了严厉的禁令。

按照尼采的命名,《酒醉状态的妨碍者》毫无遗漏地痛斥了所有近乎于*眩晕性游戏*的行为。它损害了一切无理性行为的名誉,这些无理性行为出现的形式通常包括:兴奋和狂喜,享乐主义和疯狂,热情和激动,感觉和本能,冲动和快乐。所有的人依附于权势,又按照权势的命令以它的名义谴责所有无理性。在这种统治和臣服的关系中,人们重新发现了一组组关于压迫的经典对象,统治者和被统治者:丈夫和妻子,父亲和孩子,成年人和未成年人,老师和学生,牧师和信徒,主人和仆从,国王和他的臣民,共和国和它的公民,老板和他的雇员,脑力劳动者和体力劳动者。人们还在其中发现家庭、宗教、工作和祖国既不能也不愿意容忍酒给人提供自由和放纵,尽管这些人有时能从自己居于被统治的地位中为他们嗜酒寻找理由。从《汉谟拉比法典》到拿破仑的《民法典》,还有《圣经》的诗篇和《古兰经》的经文,都存在共识:不管出于什么原因,喝醉都是要受到谴责的。

女人是最先受到约束的,因为挪亚的生殖器并不遥远。子宫处于狂热状态的她们让弗洛伊德时代的医生以及弗洛伊德本人提出了歇斯底里症的概念。按照词源学来解释，她们所有的不幸以及同时给我们带来的不幸都来源于她们用一块可恶的肌肉与奇特的器官形成了摩擦。这个器官通过冲刺、跳跃、滑动，让人产生了与月亮有关的奇异的幻想……只要稍微把它和酒联系起来，更糟糕的情况将令人害怕。如果方舟上的老人醉的意识模糊而露出了生殖器，人们完全有理由担心喝酒必然会引起子宫的欲望。例如，古罗马人对此没有轻视，在他们的律法中存在一款条文，即判断是否饮酒的权利，允许男人靠近女人的脸庞感受其呼吸，以此确认她是否喝过酒——或者更确切地说——是否喝过她丈夫的法兰尼酒。一旦发现女人饮酒，对她实施的惩罚轻则令其名誉扫地，重则招致丢掉性命。伊格内修斯·马特纽斯的妻子在有生之年就曾为此付出代价，愿她的灵魂安息。她的罪行是由罗慕格斯亲自赦免的……

但愿女人能够自由地主宰自己，但愿她们能够渴求快乐、憧憬享乐、然而享乐从来就没有变成男人的幸福。就连他们为了确保对女人的统治而订立的制度也不能让他们高兴起来。天主教教廷当然制定了相关的律法，就像在其他所有意味着人们可以让生命变得更刺激的领域一样：食品、性欲，或者引用福柯的话，对身体的运用和对自我的忧虑。托马斯·阿奎那借助于酒，表达了对“动物性精神的增加”的忧虑，这个术语基本上是承袭笛卡尔的思想。身体里没有温度，一动不动，既没有流露出情绪的波动，也没有洋溢着生命力。他几乎是以笃信唯物主义的姿态，观察到人们在喝酒时会激动，雄心勃勃的主意想得更多，尤其会将不同的想法联系在一起。然而，被束缚或者无效的理性导致人们忽视了履行义务或控制行为来远离恶魔，靠近上帝。理性是美德的工具，是服从上帝的工具，关键是要在每一刻都保持理性，既不允许利用与肉欲相联系的生殖器，也不允许利用饥渴的舌颚。世俗哲学家又将开始辩论：不应该玷污用于向善的工具的。酒使美德、智慧和道德观念远离我们。跟随它的脚步，按照同样的节奏和步伐，我们遇见了毛拉、khouans，苦行僧、阿訇、苦行者及其他穆斯林，一千四百多年以来，他们禁止世界上超过三分之一的人喝酒。他们严格监视每一株葡萄苗被拔除，禁止教徒在他们阳光灿烂、非常适合烈酒的国度内饮酒。

然而，在不喝酒和醉酒之间存在的醉酒状态中，可以得到哲学的启示。就好比香槟的气泡象征着巴洛克式的死气沉沉，醉酒像是奖章的正面，其反面是悲剧的智慧。因为酒的酿制必须经过分解、发酵、熟化的过程，然后经过蒸馏才获得了白酒——这是一项关于消亡的工程，生命通过其他方法获得了延续。它是理性的小计谋，是源于分解发酵的兴奋剂，是已消失的糖类物质的灵魂转生，他们变成了神奇的液体，具备了让人极度兴奋的潜在力量。

挪亚从哪里获得了这种独特的智慧呢？也许是通过观察。从大自然的生长活动本身。从其他地方的见闻。或者还有别的。我想起了在沼泽里，物质被分解，产生了沼气，附近的部落可以发现并认识腐化过程的心因性效果。根、草、液体、植物或者动物身上的物体——牛奶和蜂蜜——可以被燃烧，从火中汲取养分，焙烧、发酵、产生酒精。细菌、酵母促使了物体成分的缓慢燃烧：不管是人的肉体还是苦艾叶、大麦或者啤酒花，生命通过发酵继续它的使命，因为发酵改变了物质形态，改变了蔗糖、葡萄糖的结构，产生了新的物质，其中包括酒。

当肉体腐烂时，它们经受了变形杆菌或大肠杆菌、巨大孢芽杆菌、绿脓杆菌，总之一个巨大的细菌群的攻击。肉体产生了甲烷、二氧化碳、氮气、氨气和氢气。结果将是矿化作用以及剩下的骨架。譬如苏玳贵腐酒，葡萄就是和酿酒酵母、灰葡萄霉菌发生了作用。葡萄化成汁液的同时释出酚类物质、氨气、二氧化碳及与前述物质类似的醚类物质。结果将是液化作用和葡萄酒。人们通过地窖将这两种现象连通。

我很喜欢伊甘堡这一款名贵葡萄酒的制作过程。灰葡萄孢菌进入葡萄果实里汲取养分，消耗酸类物质和糖分并进行繁殖，从而引起葡萄表皮的干枯萎缩。葡萄皮上出现褐色的斑点，逐渐蔓延直至覆盖到整颗果实的表面，最终使葡萄看上去像葡萄干：这时葡萄农掌握了火候，收获的时刻到了，于是他会亲自用手将葡萄采摘下来。我从中看到了隐喻，将其视为一节简短的哲学课，它像一件弗拉芒风格的作品，表现了命运的力量、悲剧的结局、时间的破坏性效果、熵的不可抗拒的特性、注入生命内部的毁灭力、为了解释现实问题而普及的寄生准则，死亡通过其他手段实现了生命的继续，永久的化身，原子和物质的唯一永恒。从腐朽蜕变为神奇，足以成就伊甘堡的高贵。还有其他酒，后续我还将补充……

因此，从各种角度来看，酒都堪称精华之作：效果、来源及酿制工艺。它浓缩了文明和形而上学的精髓，同时它也构成了文化、记忆和以液体形态存在的技艺。它产生于一种被人类驯化的消亡过程，从否定到增殖，成为辩证法的实用主义结晶，尤其是允许延长保存期的合成物质时代——著名的黑格尔的“扬弃”——在美术中类似于虚荣的因素：炼金术士的葡萄酒酿造法能够让生活变得美好。乔治·巴塔耶[1]将色情定义为“对生命的赞赏直至死亡”，对葡萄酒的热爱并不遥远，它的梦境和神秘亦是如此。人如气泡……感谢挪亚。

1 Georges Bataille（1897—1962），法国评论家、思想家、小说家。

第四章

子宫、松露与哲学家——悼布里亚-萨瓦兰[1]

1 Jean-Anthelme Brillat-Savarin（1755—1826），法国律师、政治家，因美食学研究闻名于世。

一日，某位上流社会贵妇的子宫成了展示食物、身体、精神和内心状态之间密切关系的有趣范例。这种关系不但是密切的，有时甚至是滑稽可笑的。卡巴尼斯[1]医生曾在自己的代表作《人类肉体与精神的关系》(1802)中严肃、细致地探讨过这个问题。时至今日，这部作品仍值得我们经常翻阅。这个例子简洁明了，而且为了不让故事显得粗俗，还特意挑选了一位贵妇的性器官来证明卡巴尼斯的理论。不管怎么说，布里亚—萨瓦兰对二者都不陌生：一个是故事中爱胡思乱想的女人，另一个则是医生兼哲学家。那就让我们听听他的故事吧……

布里亚—萨瓦兰提到故事中的女主人公时故意隐去了姓名，其中的缘由大家想必不难理解。他一直想搞

1 Pierre Jean George Cabanis（1757—1808），法国18世纪末唯物主义者，庸俗唯物主义理论的先驱。

清楚松露是如何获得“厨界钻石”之美名的。他的论证十分出色，内容丰富且理据充分。有关这一神物的块茎具有催情功效的说法由来已久且经久不衰。对此，他也不惜笔墨地进行了深入论证。为了表明这是一个值得思考的问题，《味觉生理学》的作者为我们讲述了一个很有趣的故事。作为故事主人公的贵妇是个聪明女人，她的品德也与她的年龄颇为相符，单纯、简单、无可指摘。这个年纪上，爱情对她而言不过是一缕似有若无的骚动和一段久远的回忆罢了。所以没必要担心她会因“思春”而破坏了实验，影响了最后结论的可靠性。也不会有将科学和粗俗的“子宫亢奋”[1]混为一谈的风险。

一日，贤淑的女主人公和丈夫以及丈夫的一位年轻、帅气的朋友共进晚餐。当晚的菜单如下：一只佐以松露的肥禽加上香槟酒。丈夫的品位不错，人品也很好。他灵机一动要出去赴约，将妻子和活跃的男青年留在家里。贵妇先是小心翼翼地解释自己当晚只喝了一杯

---

1 这是布里亚—萨瓦兰在他的《味觉生理学》第六章中讲述的一个故事。该书有两个版本，一版是由罗兰·巴特作序，Champs Flammarion 出版社出版；另一版则是由让—弗朗索瓦·赫维尔作序，Julliard 出版社出版。

香槟，然后开始讲述之后发生的事情：客套、寒暄一番后，名叫威尔塞的男青年便用甜言蜜语、吐露心声、强行求爱和温柔的爱抚轮番轰炸贵妇。可是这些招数都不管用，女人真是难搞定。女主人好似城堡里的领主般奋勇顽抗……为了避免最坏的情况出现，她只得假装允诺来日再行好事。女人在这方面可真称得上是专家啊！

受此花边新闻的启发，我们的超验主义美食大师决定考察一下松露对生殖反应的影响。我们可以提醒布里亚—萨瓦兰注意这样几点事实：男青年的力比多、丈夫的缺席再加上几杯香槟下肚和美若天仙的贵妇，所有这些都可能洗除这种块茎食物的“不白之冤”，至少可以稀释一些松露与生殖反应之间的因果联系。尽管被百般讨好，妻子仍旧保持着清醒的头脑。她对整件事的解释是：松露的摄入起到了壮阳的作用，肯定是某种危险的因素对他施加了一种外力。最后她得出了如下结论：整件事丝毫与她的魅力无关，她也从未期待过一场艳遇。今后倒是要更加谨慎地服用某些食材。

在结束这个研究课题之前，布里亚—萨瓦兰又开始进行其他一些观察并从中得出了某种科学性的定论。一些饱受前列腺折磨、雄风不再的老厌物们提供了不少餐桌上的谈资。某次宴会结束时，一小撮人得出了如下结论，那就是：松露并非一种“具有实效的春药”，但在某些条件下，它的确能起到攻克女人防线、鼓舞男人“斗志”的作用。在此类观点的怂恿下，向来随和的布里亚—萨瓦兰也得出结论说：松露只是一种释放力比多的诱因。而这种力比多的泛滥也让我们认清了一个残酷的事实，即：无论是否服用这种神奇的块茎，生殖器官总能决定我们的许多行为和一时欢好的念头。

不管这种靠猪嘴搜掘出来的黑色钻石到底为何物，我们都最好记住这个故事。它告诉我们：在食物、身体和我权且称作精神的东西之间存在着一种明显且持久的互动。我们与布里亚—萨瓦兰一道参与了一场可以载入思想史册的哲学运动。体制对他而言无足轻重，因为他选择的对象是在纯洁派眼中一点儿都不高大上的味觉、饮食、食物和身体。《味觉生理学》是一本哲学书籍。人们通常把它贬低为一本餐桌故事集、一本有关美食逸闻趣事的杂集或是一个老饕或者说是美食家个人的非典型美食日记，这样的评价未免有些过于草率。

布里亚—萨瓦兰极富思辨的探讨与观念学派不谋而

合。该学派的著作鲜有人闻，更谈不上认真研究了。观念学派的旗手中就有德斯图·特拉西[1]——他是1801年出版的《观念的要素》一书的作者；还有布里亚—萨瓦兰的好友伏尔尼[2]；以及一位特别重要的前辈——卡巴尼斯，他也是上文提到的有关肉体和精神关系概论的作者。另外值得一提的是，这两人是在爱尔维修[3]夫人的沙龙里认识的。那里也是启蒙时期主要文人济济一堂的所在。观念论者宣扬实证主义。他们不看重形而上学，只愿意承认那些借助于可靠的实验方法获得的真理，观察在这些方法中发挥了主要作用。在这一派观点中，理论是从实践和事实中提取而来的，任何理论都不能以任意、专断的方式提出：每一个观念都必须加以证明、解析并且经得起实验的检验。与形而上学的观点和宗教或神学假设大相径庭的是，观念论者提出观点时总是非常谨慎且以事实为依据。这样一来，我们就会明白那些逸事和

---

1 这里应指的是 Antoine Destutt de Tracy（1754—1836），法国哲学家，观念论者。

2 Volney（1757—1820），法国哲学家、东方文化研究学者。

3 Claude Adrien Helvetius（1715—1771），18世纪著名法语作家、哲学家。他与妻子（Anne-Catherine de Ligniville Helvétius）在自家开设沙龙，启蒙时期的思想家们络绎不绝。

"自传式隐私"[1]在《味觉生理学》一书中的分量了：它们是构建一座新的科学大厦的钢筋混凝土。

为了将自身学派延续下去，大部分的观念论者后都转隶于孔狄亚克[2]神父的感觉派营下。正如弗朗索瓦·培根[3]在他的时代所提出的那样，《感觉论》(1754）提倡革新人类的知性，指出我们所有的知识都是偏离我们的感觉的。这一时期，从肉体出发抵达思想的做法称得上是一场真正的方法论革命，也说明了漫画里通常所讽刺的唯物主义其实是相当精深的。孔狄亚克的感觉主义在卡巴尼斯的影响下开始向生理唯物主义方向发展：精神现象直接与身体挂钩，甚至成为身体的某种特殊样态。

正是在这样一种哲学氛围中，布里亚—萨瓦兰三十年间反复酝酿自己的作品。《味觉生理学》获得的巨大成功和不断再版可能也是这部作品的哲学性一直被忽略的

1 见《布里亚—萨瓦兰传》，Tierry Boissel，Presses de la Renaissance 出版社 1989 年版，第 251—252 页参考书目。

2 Condillac（1715—1780），法国哲学家、自然神论者。著有《人类知识的起源》、《感觉论》等。

3 Francis Bacon（1561—1626），英国文艺复兴时期最重要的散文家、哲学家、实验科学的创始人、近代归纳法的创始人。主要著作有《新工具》、《论科学的增进》以及《学术的伟大复兴》等。

主要原因。他的同行们都不喜欢思想性太强的东西，尤其是那些原创的、个性化的、合理化的思想。他们还特别瞧不上那些敢于颠覆业界规范的行为。说到底，他们从不觉得可以通过观念创新取得成功。因此不难想象，那些狂妄自大而又难以跳出自己圈子的哲学专业人士为何不敢正视，哪怕是居高临下的俯视布里亚—萨瓦兰所进行的哲学事业了。他们认为其中掺杂了太多“快乐的知识”[1]和孟浪之言。这本书就这样被舍弃给那些热衷于“神父秘制芦笋”、“琥珀巧克力”、“布雷斯小母鸡”的食客和“火鸡控”们。另外，受累于人类凡事都要归类的执念，布里亚—萨瓦兰的书成了业余爱好者们常喜欢在餐桌上引用的“警句宝典”，却被抛弃在大学校门之外，正如那些不听话的孩子被剥夺了吃甜点的权利一样。

这本书的副标题“关于超验美食学的冥想”往往易被忽视。但我们不要忘了，本书的作者研究哲学的同时也在研究法律，所以他非常清楚用词准确的重要性。尽管言词诙谐，但书中提出的观点却旨在构建一门新的科学。或许是出于谦逊的性格，也可能是意识到自己独木难支，

1　原文为gai savoir，是尼采的一本书名。

布里亚—萨瓦兰非常希望倚仗有志于此项事业的人能为该书再续华章。该书开篇几页，甚至是书中的第一个章目就体现出了科学性。作为一名优秀的音乐家，布里亚—萨瓦兰在结束这个话题时，采用了音乐上围绕主题谱写最后一支变奏的手法。他总结道，《味觉生理学》提出了一种美食学理论体系，从而使美食学能够纳入已知的科学协奏曲中并赢得其应有的位置。作者的目的很清楚，就是要让这本书成为一部严肃的作品。对此，他并未加以掩饰。而书中的各种逸事非但没有减损这部作品的可信度，反倒体现出实验谱系学的真义。

那时生理学研究还很风行。理士朗[1]和阿利柏尔[2]二人都写过有关生理学的作品，他们的观点也都在布里亚—萨瓦兰的书中被引用。里士朗甚至在全书开篇的对话中扮演了作者朋友一角。利特雷[3]辞典将生理学定义为“用哲学和抽象的方式研究生命现象”的学科。我们可以从中发现医学和哲学两方面的问题。身体作为吞下食物并

---

1 Baron Balthasar Anthelme Richerand（1779—1840），法国医生，作品有《生理学新要素》。

2 Jean-Louis Alibert（1768—1837），法国医生、皮肤病学家。

3 Emile Littré（1801—1881），法国语言学者、辞典编撰者、哲学家。

产生能量的机器，正是布里亚—萨瓦兰的研究对象。对话题范围的限定也意味着对多个学科的融会贯通。因此，历史、化学、医学、经济学还有新科技，这些都可以用来为理论上的最新发现服务。

布里亚—萨瓦兰选择了味觉，这一日常“五感”中最易被遗忘的感觉作为研究对象。传统意义上讲，唯灵论者和唯心论者喜欢把视觉和听觉列于感官之首，因为二者与冥想联系更加紧密。它们与图像和声音有关，而图像和声音是最不易受物质牵连的客观存在。而味觉太容易让人联想到肉体：咀嚼、吞咽、消化、排泄，简直是将人类物质性的特征放大到了极致。那些“绝对”和纯粹观念的老主顾可绝不吃这一套。

只有像孔狄亚克那样的感觉主义者、狄德罗那样的唯物主义者、还有拉美特利[1]那样的享乐主义者才会对各种感觉一视同仁，给予它们应有的尊重。布里亚—萨瓦兰属于勇敢地开创了现代主义的思想家之列。他有关身体的哲学为现代主义提供了纲领，因为《味觉生理学》早在1825年就已发表。

---

1 Julien Offray de La Mettrie（1709—1751），法国启蒙思想家，哲学家，机械唯物主义的代表人物，著有《人是机器》等。

在书的开头部分，他是这样定义味觉的——“滋味体”作用于品尝它们的器官时所产生的感觉。随后，美食学又被描述成“一切关于人类营养问题的理性知识”。从长远看，它的目标是保存人类物种；它的方法是为人类提供营养；与它相关的学科包括：自然史、政治经济学以及其他多门学科；它的研究对象是：人体、享乐、活力、节制与均衡；它的效果是：制造融洽的氛围、快感与满足。还有什么能比这更好地全面概括一种哲学研究方法呢？

美食学这个词由来已久，最早见于1623年。但它的流行则是近来才有的事。布里亚—萨瓦兰说，只有当美食学被构建为一门科学时，美食学这个概念才会真正做到名副其实。用语言学家的话说就是，只有等到所指的事物发展成熟后，词的意思和用法才能最终固定下来。布里亚认为，只有烹饪技术和饮食艺术取得重大进步时，我们才能把与此相关的知识齐聚于美食学的名下。在该书的一篇文章中，布里亚—萨瓦兰把科学写成是时代的产物，而科学的构成则可无限细分。首先，科学可以通过不断重复的试验获得大量长期有效的事实和结论；其次，科学能够发现工作方法中可省略的原则。因此，美食学的出现必然离不开科学的进步，例如：食材的检测、分类、分析技术；对其基本化学组成的分解；对材料及其组成、结构的科学认识；对身体各系统及其功能的进一步认知等等。

布里亚—萨瓦兰用“关于超验美食学的沉思”作为副标题表明了这门新兴科学的严肃性。人们会想：这门学科的超验性到底体现在哪些方面？是因为作者读过康德的作品，如《纯粹理性批判》吗？还是因为他读过康德的第三大批判，即：判断力批判[1]，所以设想对饮食理性也进行一次批判呢？作者会说多门外语，他应该能用德语阅读这些文章；而且他还曾经经常造访第戎大学哲学系。尽管如此，这个副标题中的“超验”一词其实跟康德所说的“超验性”关系不大。实际上，先验辩证法认为超验性是指那些本质上已经超越了现实超验范围的原则，而美食学则非如此。美食学只有通过观察和实验

1 康德的《纯粹理性批判》出版于1781年，在1787年第二版时做了较大的修改。它是著名的三部曲的第一部，其他两部分别是1788年出版的《实践理性批判》和1790年出版的《判断力批判》。在康德看来，纯粹经验基于经验带给人类知识，但是实践经验不是基于经验，而是“先验”，它假设了人类的自由意志，上帝和道德。因此，康德试图在唯物主义和唯心主义之间，找到一个结合点。

才能成为真正的科学。这至少是《味觉生理学》[1]的观点。在这一点上，感觉主义者所持的观点与康德主义恰恰相反：康德把味觉看成是一种主观感受，并将它与嗅觉一起归于最低等的感觉。对康德主义者而言，美食学永远不可能成为一门科学，因为它所涉及的是相对的、主观的、随意的感觉，而只有符合先验原则的才能称为科学。换言之，根据康德对判断模式的三分法，即：必然判断、实然判断和或然判断，只有必然、必要且确定无疑的才能称之为科学。而美食学，正如布里亚—萨瓦兰定义的那样，属于一种实然判断。跟美食有关的真理是一种事实而不是什么必不可少的东西。这么看来，超验美食学里的“超验”一词并不是从康德那里“借”来的概念。

“超验性”一词的本义具有更强的科学意味。我们还以利特雷（Littré）法语词典为例，该词典对“超验性”一词给出的定义如下：它是指某一科学最高端的部分。词典还列举了“超验解剖学”这个词条来详细解释超验性的特征。“超验解剖学”就是“对于具体的解剖方法的观察和比较”，前提是“这些方法必须上升到能以抽象的

1 1826年由布里亚—萨瓦兰撰写的幽默美食学论文。

概念描述各层次组织原理的高度”。根据这一定义，在哲学上，一切可以概而论之的事物都能被称为“超验的”。

除此之外，要想准确理解这个副标题的意思，还有一条线索是我们不能忽视的。1789年，布里亚—萨瓦兰结识了夏尔·傅立叶[1]。他们之间想必探讨过美食学问题、聊起过那些中轴型小肉酱，也憧憬过美食如何在傅立叶——这个来自贝桑松的哲学家所勾勒的乌托邦蓝图中大展拳脚。不过，傅立叶把这一概念用到了他的“超验和谐”（accords transcendants）理论中。我们不要忘了，从词源上来看，“transcendant”一词本是指上升并超越已有的标准，从而达到更高、更远的境界。当美食学成为一门精细的科学并让与美食相关的知识发扬光大时，它不正是实现了这样一个过程吗？

不管怎么说，如果布里亚—萨瓦兰当时能留下只言片语说清副标题中“超验”这个词的意思，那将省去我们多少麻烦？我们猜想他或许是为了强调自己的研究方法所以使用了“超验”一词。这一方法就是根据哲学原理进行观察、比较、归纳、总结，最终有条理地整理出相关的全部

1 Charles Fourier（1772—1837），法国著名哲学家，经济学家，空想社会主义者。

知识。所以说，超验美食学是在认识饮食与人类的关系并综合多种相关理论方法基础上形成的一门学科。

《味觉生理学》这部哲学作品揭示了一种研究方法的结果和结论，我们大致可将其分为密切相关的三大块，即：生机论、唯物论和享乐主义。由此，布里亚—萨瓦兰提供了一种人体哲学研究的全新视角。这一研究成为观念论的重要组成部分，使该学派的研究不再仅限于伏尔尼[1]对罗马帝国遗迹的考证和德斯图·特拉西[2]对孟德斯鸠文本的评论。

布里亚—萨瓦兰在这本书一开头就用动力学逻辑来解释什么是现实。在动力学逻辑看来，自然界的运动就好比是一种能够产生、转化并再生能源的机器运动。根据这一原理，只有通过生命，现实才得以存在；而只有通过饮食，生命才得以保存。食物转化成活力和能量的过程是活着的证明。而对于这种转化得来的能量，文章并没有过多的描述。但我们还是可以用布里亚—萨瓦兰提到的一个有趣的概念来理解这种能量的性质，这个概

---

1 Volney（1757—1820），法国哲学家、东方文化研究学者。

2 这里应指的是 Antoine Destutt de Tracy（1754—1836），法国哲学家、观念论者。

念就是——性欲。这第六种感觉正是对我们通常所说的视、听、味、嗅、触五感的补充。在布里亚—萨瓦兰看来，如果只有上述五种感觉的话，人类对世界的感知将大大受限。性欲的目的是通过两性器官的结合确保种族存续。而味觉与性欲之间又有着一种既亲密又特殊的关系：味觉的目的是为了保存个体，而性欲的目的是为了存续种族。所以，布里亚—萨瓦兰这样写道："让我们还原性欲本来的性感面目，相信我们的后代会恢复它原有的地位。"那么作者的后辈人又该如何认识这个问题呢？是否要从叔本华的意志说[1]，尼采的强力意志说[2]，又或是弗洛伊德的力比多说[3]中寻找答案呢？可以肯定的是，这

1 在叔本华的哲学体系中，意志是"自我"现象的最后本质，它与"我"甚至与我的身体是同一的。意志是表象世界的根据，却又超越于时、空和因果性，存在于"根据律"之外。意志是第一性的，认识是派生的，意志永远高于理性，人只在意志自由的境地里，才能理解、达到意志。

2 德国哲学家尼采提出的一种价值尺度。尼采哲学的主要观点。德文为der wille zur macht，直译为：追求强大的意志。也译作：权力意志。强力意志就是生命意志，然而它所追求的不是生命自身的意志，而是使生命得以超越自身的潜在力量，正是这种对于意志的渴望，表现出了生命那种永不停息的本性。尼采把它称为：永不枯竭的生命意志。

3 力比多（libido）即性力。这里的性不是指生殖意义上的性，"力比多"泛指一切身体器官的快感，包括性倒错者和儿童的性生活。精神分析学认为，力比多是一种本能，是一种力量，是人的心理现象发生的驱动力。

个问题的答案与上述几个概念之间有其相似性，至少在对现实的非理性构造原则的感知方面是有共同点的。

早在弗洛伊德有关欲望的哲学理论或是那些更缺乏诗意的、从生物角度解读欲望的哲学理论出现之前，布里亚—萨瓦兰就提出了性器官、嗅觉、味觉、饮食以及食物之间的相关性，时至今日，这种奇妙的组合仍有待我们进一步加以解析。我们知道，欲望总是在狂喜与必要、享受与需求之间游荡。若非饥肠辘辘，哪来胃口大开？饮食或许也暗示着某种有待满足的需要。当身体因维持生命的能量大量损耗而饱受煎熬时，抚慰它的最直接的方式就是吃东西。从这种自然的必要性出发，人类设计出一种文化的可能性——饮食艺术。

布里亚—萨瓦兰所谓的性欲其实反映的是人身体内始终存在的动物性。尽管人类社会花了几个世纪的时间试图驯服甚至泯灭这种动物性，然而它还是顽强地保留了自身最受诟病、最不“光明正大”的那一部分特征。正是这种动物性让人们相信，一切现实欲望都与获得某种愉悦有关，无论好坏与否，这种关系都是永恒的。任何缺失都需要得到感觉上的充实和满足。而在饮食、饥饿与满足人体机器运转的能量生产之间的关系问题上，人类知之甚少，最终只把它肤浅地理解为一种欲望和愉悦之间的转换。当人饿的时候，他只感受到一种欲望。起初这种欲望还能忍受，一旦得不到满足则会变得越发痛苦。可是他却没看破食欲其实是身体发出的一种预警，警告他应该开始为身体储备能量。那些把人体机器当成“永动机”一般一直燃烧能量，从不给身体器官喘息机会直到彻底精疲力尽的人，死亡也就离他不远了。欲望源于缺失。而缺失则是人类需要源源不断的祭品的明证：为了生存，身体需要吃下各种尸体、各种被连根拔除的食材、还有各种已经发酵、正在变质或已经变质的食物。性欲预示着性与死亡、愉悦与痛苦、贫瘠与富足、过度与匮乏之间的关系。早在现代理论涉足该领域之前，布里亚—萨瓦兰就推断出人类这台发动机的残酷天性，即：从生理上消除熵的愿望；用柔情平息苦痛的需要；用欺骗躲开步步逼近又索求无度的死神的必要。美食学就是人类耍的一个花招。人类为痛苦的需求戴上了优雅的面具。这真是苦中作乐之举啊！而在同一性的表象深处正沉睡着一头怒气冲冲的野兽。

这种作用于现实个体内部的不祥动力也同样存在于宇宙万物间，可以说，小到微粒大到天体无所不包。为此，布里亚—萨瓦兰还用抒情的笔调对这些同时存在于星球和个体间的运动进行了生动的描写。他的朋友（也可能是亲戚）傅立叶对各星球的交配活动（*copulations de planètes*）[1] 非常熟悉，还曾试图破解北极光轮传递出的信息。《味觉生理学》一书也大量提到了月球轨道内的运转、世界末日、宇宙间正在发生的绝对变化及循环等问题。这充分证明，小到一个主体，大到一个星球，性欲在现实中无处不在。

除了严格意义上的性欲之外，布里亚—萨瓦兰还常用它代指*生命力*或是*生命机能*。为了发现人体运行的逻辑，他还研究了器官运动、人体内运行的气与神经系统，特别是大脑之间的关系。人体这台机器是由"元气"激活的，而"元气"会慢慢变弱直至生命完全消失。布里亚—萨瓦兰很有可能读过比沙[2]的《生与死的生理学研究》（1800）——因为萨瓦兰也以自己的方式将生命定义为抵抗死亡的全部力量的总和。

---

1 La copulation des planètes: Jonathan Beecher, Fourier, Fayard, 1993，特别是 pp.270—272。乔纳森·毕彻：《傅立叶》，第 270—272 页，Fayard 出版社 1993 年版。

2 Marie François Xavier Bichat（1771—1802），法国解剖学家、生理学家。

生机论很有可能借鉴了唯物论的一些观点，至少借用了有关物质方面的一些理论。《味觉生理学》一书罗列了各种有关人体运行机理的描述：人体被形容为相互关联的各种机体的总和。布里亚—萨瓦兰对“食欲”一词的定义更是在字里行间流露出他的唯物主义情怀。我们来读读下面这段话：“生命与运动是造成生物体内物质不断损耗的原因，人体作为一架精巧的机械，如果没有上天安排的预警系统加以调节，很快就会因体力失衡而垮掉。”这里所用的都是机械词汇，如：物质、损耗、运动、机械、调节、力、失衡等等，这不禁让人联想到既是哲学家也是医生的拉美特利[1]写过的名篇《人是机器》（*l'homme-machine*）中所提到的*机械循环*（*récurrences mécanistes*）理论。

该书关于食物的思考同样也受到了唯物主义思想的启发。文章认为消化系统利用机械原理从饮食中提取出人体所必需的能量。另外，布里亚—萨瓦兰还把消化器官比作“一个有过滤功能的磨”，这台磨能“对食物中所含的植物纤维进行动物质化处理”从而“修复人体在生命

---

1 Julien Offray de La Mettrie（1709—1751），法国启蒙思想家、哲学家、机械唯物主义的代表人物，著有《人是机器》等。

过程中所损失的能量”。

最后，布里亚—萨瓦兰还思考了自然、现实以及各物种的构成问题，他发现人类、动物甚至是植物都是相似的。这种一元论的观点再次证实了作者的唯物主义思想。他不仅从生理学的角度教给我们“构成人体的物质与他所吃的动植物相同”，还提到了矿物在其中发挥的作用。他说，“构成食物的磷、氢、磷酸钙以及其他碳氢化合物等成分都具有修复损伤、恢复元气的功效”。看来，我们脑中唯一需要担心的画面就是如何哄骗孩子吃下奶制品中的钙或菠菜中的铁了……

既然固体总要转化成乳糜，也就是液体，那就有必要思考一下各种饮料的作用，以及它们在不同温度下对人体消耗所起到的决定作用。所以该书的第八章主要论述了口渴问题。书中给出“口渴”的定义和解释如下，“我们体内循环着各种维持生命的液体，这些液体在华氏105度时蒸发。这些液体的损耗使之很快难以完成既定任务，因此它们需要不断地补充与更新。而这种需要就是产生口渴的原因。”如果说当时热力学定律还尚未发现，那布里亚—萨瓦兰在解读人体如何转化能量的过程中似乎已经隐约预感到了这些定律的存在，他的结论是一旦超过或低于某个特定温度，能量的转化便无法发生。根据能量守恒定律，一切能量的损失都应得到补偿，这样才能维持各种机体的继续运作。如若有人碰巧违背了这一原则，那死神必将不期而至。布里亚—萨瓦兰讲过这样一个故事：路易十六瑞士卫队的一名士兵跟人打了一个愚蠢的赌，说自己可以一整天滴水不进，结果很快他就命丧黄泉——我们猜他很有可能是渴死的……

布里亚—萨瓦兰所提倡的生机唯物主义还有享乐主义的一面，这也非常符合他本人所秉持的世界观。可以说，《味觉生理学》一书全篇就是告诉人们怎样掌握美食这门享乐的艺术，它简直就是为享乐主义谱写的一曲颂歌。哪怕相近的两个词之间也总有着细微的差别，稍不留神就会“失之毫厘、谬以千里”。因此，作者在书中特别强调了“美食主义”和“暴饮暴食”二者的区别：前者是“合情合理的享受”，而后者只是纯粹的饮食无度。而要在饮食上懂得“节制”，布里亚—萨瓦兰的建议是“在感性与理性之间建立一种平衡”。如果感觉超越了理智和常识，则容易对身体造成不良后果；反之，如果能在感性面前不乱方寸，那享乐主义非但无损于我们的品行，反而能给我们的生活带来无限美好的期待。我们相信人人都有享受美食的欲望，因为人人都喜欢趋利避害。美食可以独享，也可以分享。当我们独自享用美食时，体内的欲火得以平息、身体的缺憾得以补偿；而当我们与他人共享美食时，则是另外一种欣喜。超验美食学不恰恰也是一门主体之间和谐、愉快相处的艺术吗？饭桌上，人们相处融洽，尽情交流，平日里的等级差别也就淡化了。美食也是促进夫妻感情的一剂良方，它简直让一日三餐成了家庭生活的“调味剂”：大家可以开心地聊聊美味料理；也可以兴高采烈地为自己心爱的人亲自下厨做几道小菜；品尝美味是幸福的；点评佳肴是幸福的；表达这种幸福也是幸福的。有时，同桌进餐的两口子都要让对方尝尝自己爱吃的菜，这种互动又带来了许多甜蜜的乐趣。也许这就是人们常说的“要想管住他（她）的心，先得留住他（她）的胃”的道理吧。

生、老、病、死哪个不苦？正因了对“众生皆苦”的清醒认识，布里亚—萨瓦兰才要为享乐主义振臂高呼。正因为“人生苦短”，布里亚—萨瓦兰才选择不再沉默。他那淡淡的悲观主义情绪用来认识这个世界刚刚好，而他那观念论者的血脉里奔淌着的更多是乐观进步的血液。这种“乐天”和“知命”并不矛盾。布里亚—萨瓦兰知道等待每个个体的结局无非是凋零和死亡，唯有物质能让人感到愉悦。人类的进步与烹饪和饮食息息相关。从茹毛饮血到钻木取火、从粗茶淡饭到山珍海味、从衣不蔽体到锦衣玉食；从野蛮粗暴到遵纪守法，从战乱纷飞到太平盛世，从饿殍满地到丰衣足食。这样的论述简直跟孔多塞[1]的进步观有得一比……他甚至大胆地预见有朝一日，随着科学技术的迅猛发展、厨具工艺的日益改革、各地产品的互通有无以及各式菜肴的推陈出新，人类社会对美食的需求必将得到极大满足。

于是，专门负责味觉快乐的第十位缪斯女神加斯特里亚（Gastéréa）华丽登场。布里亚—萨瓦兰把此书的最后一个章节献给了这位女神。这使我又不禁联想到作者一定是受了傅立叶这位“和谐制度之父”的影响才会描写出那样一个热烈而不失温馨、其乐融融的欢宴场景。这

---

1 Marie Jean Antoine Nicolas de Caritat, marquis de Condorcet（1743—1794），18 世纪法国启蒙运动时期最杰出的代表之一，同时也是一位数学家和哲学家。孔多塞 1793 年所著的《人类精神进步史表纲要》（*Sketch for a Historical Picture of the Progress of the Human Mind*）是阐述进步观的著作中最具影响力的作品。书中将启蒙运动的焦点摆在进步观上头。他主张随着人类对于自然与社会科学的认识加深，世界上便有更多个人自由、物质充足以及同理心。

与傅立叶描述的充满激情的幸福社会场景如出一辙。

布里亚—萨瓦兰对这场满心期待的节庆欢宴进行了全方位的描述。看！女神的圣殿前匍匐着百级大理石台阶，圣殿的圆屋顶由百根东方碧玉石柱高高托起，宛若苍穹；圣殿四围的雕塑和浮雕徐徐展开一幅幅先人在美食界开疆拓土的宏伟画卷；八根水晶圆柱撑开一尊水晶华盖，华盖的下方是女神的雕像，闪电之光将女神映射的光彩照人。这样的场景让我想到像勒杜[1]、布雷[2]这些充满创造力的建筑师不正践行了傅立叶和谐制度所推崇的乌托邦式建筑风格吗？闻！焚香列鼎，香绕全城；馔玉炊金，炮凤烹龙。品！一千二百双碗筷齐聚一桌，美食的信徒多么浩荡。听！管乐齐鸣，雅俗共赏、余音绕梁。尽管席间年轻、美丽的侍者穿梭如行，大家却止于眼睛欣赏。布里亚—萨瓦兰期待整个巴黎城变成“一间大食堂”，在那里“人人都能放声大笑”。

说到这里，我们又不得不提到傅立叶讲过的一段话：

---

1 Ledoux（1736—1806），18 世纪法国最重要的建筑师。

2 Etienne-Louis Boullée（1728—1799），18 世纪法国建筑师。布雷推崇新古典主义建筑清晰、大胆的线条，但同时也认为情感对建筑而言，与古典的比例规则同等重要。他在设计中严格地采用简洁的几何体，比如金字塔、球体和圆柱体。

独乐乐不如众乐乐。人们在节庆场所边享受美食、边分享喜悦的这种社会集体享乐氛围是如此富有感染力，以至于总有各种参观团络绎不绝地来到我们的“法郎吉”[1]，亲眼见证它的成功。

布里亚—萨瓦兰是个空想家吗？我们权且这样认为吧。也许这个头衔最配得上他“狂狂书生”的形象。在那朝代更替频仍、世事变化无常的年代，他那种对任何政权统治都欣然接受的态度，常被人误解为一种令人不快的机会主义。只是，如果当初他在政治上的犬儒主义态度能少一点实际功利、少一点为官之道、多一点哲学色彩的话，或许能修炼成一个宜居城市的设计师和傅立叶所说的杰出的美食家。那样一来就可以为广义乌托邦的享乐主义部分尽一己之力了吧。

尽管对宗教信仰问题惜字如金，布里亚—萨瓦兰书中却随处可见对历史主题的思考。例如，他曾对多神教大加赞扬又对基督教一些粗俗的礼数予以温和的批评。他是这样论证这一问题的：对死亡和痛苦的恐惧促使人类

---

1 1802年，傅立叶提出用“和谐制度”代替现存的社会制度，用组织“法郎吉”的试验方法建立新的社会制度。在“法郎吉”中没有工农差别，没有城乡差别，劳动将成为一种享受，每个人将根据劳动得到公正的分配。

偏爱及时行乐。因为悲剧是无可避免的，所以欢乐才显得尤为必须。这也正是人类对作为幸福化身的圣物充满激情的原因。

在《烹饪哲学史》这一篇文字里，布里亚—萨瓦兰先是歌颂了异教徒的许多美德——重视友谊、崇尚爱情、追求快乐、讲究饮食、爱好社交等等，紧接着他又对古希腊罗马文明的宴会盛况大书特书。唯有对基督教在宴饮方面的表现，作者只字不提或者说多有保留，只强调它是沉闷且毫无情趣的。

自然和文化的结合体现在美食学的方方面面。在宗教的清规戒律一统天下的社会里，美食就成了人们寻找快乐的唯一途径。饮食一旦脱离了纯自然的需求必然表现出更多的文化特征。为了证明这一过程所产生的效果，布里亚—萨瓦兰特别对"宴席之乐"和"饮食之乐"进行了仔细区分，他认为饮食之乐只是消除饥饿的一种自我满足，体现的是人的动物性；而宴席之乐则是从他人处得到的快乐。当自我满足实现后，人们就开始对"与用餐相关的事实，如：用餐地点、环境、器物以及一起用餐的人"等综合情况讲究起来，并从中获得另一种全新的感受。这正反映了文明所包含的反思性、智慧性和精细性的特征。“饮食之乐”和“宴席之乐”之间的差异体现的恰恰是纯粹的感性认识与美食技巧、贪吃的食客与真正的美食家之间的云泥之别。

人类总是有办法把身不由己的自然需求改造成伟大的意识形态实验场：要么是彻底地甩掉人身上那些难以启齿的动物性；要么是创造新的文明慰藉内心的不安。动物渴了怎么办？无论是河水、沼泽泥塘里的水还是雨水，它统统都能喝下。动物饿了怎么办？它会找来近处能发现的树根、野果或猎物填饱肚子。动物发情了又有何表现？无非是通过“搔首弄姿”吸引异性或与“情敌”你争我夺一番赢得交配的权利。

长久以来，人类一直将自己“化简为繁”的才能视为美德。人渴了怎么办？我们会发明各种配方复杂的饮料，酿造各种琼浆玉液。苹果酒与葡萄酒一经勾兑就诞生了卡拉比酒（carabi），宝普罗酒（populo）则是要在白兰地中加进般般样样的材料：糖、丁香、胡椒、茴香、芫荽、龙涎香或麝香，缺一不可；奶和蜜汁的搭配美其名曰“美丽克拉特”（mélicrate）；还有穆尔苏姆（mulsum）特饮、欧西蜜儿（l'oxymel）糖浆[1]、肉桂滋

1 用水、醋和蜜配制的药剂（祛痰用）。

补酒和马尔伏瓦西佳酿[1]。这真是：不怕想法不奇葩，唯恐做法不复杂。

人饿了怎么办？我们会下厨并发明各种菜谱：冰糖莲藕、桂花糯米糍、处理不好会害人性命的河豚鱼脊肉、淀粉芡实浓汤、填馅乳猪奶脯肉或填馅乳猪猪屁股、水煮孔雀舌还有水煮鱼眼，五花八门、不一而足。人要平息欲火怎么办？我们在这方面的智慧跟厨艺相比毫不逊色。我们可以选择手淫，也可以选择婚姻。这两者其实并非毫无关系。增加性爱情趣的花样也是层出不穷：吊带袜和敏感部位；黄书和电动棒、春药和情趣内衣等等。两栖动物不会喝威士忌；腹足纲动物不懂掌勺；而节肢动物也无法欣赏蕾丝的美妙，所以动物与人绝不可同日而语。

情欲和美食，正如宗教、艺术、形而上学一样，是区分人类与动物的主要标志。自然提出需求，文化转移需求。我们无需像禁欲主义者那样摒弃自身的欲求，而只需将它改头换面，以更加含而不露的姿态表现出来即可。身体自有主张，也从不掩饰欲望。作为一门研究身体和

1　希腊马尔伏瓦西村产的一种麝香葡萄酒。

食欲的哲学，首先要考虑的就是怎样用文化的形式去诠释这些自然的需要。享乐主义就是回应这些迫切需要的理论。它的巧妙之处在于通过消费获得愉悦，直指人类需求中最不为人所道的部分。正如享乐主义者所说：欲望是一切快感的前提条件。

无论是身体还是精神都可以表露那些细微的快乐。首先，从身体方面来说，布里亚—萨瓦兰谈到，当人快乐时头脑是清醒的、面部表情是喜悦的、面色是红润的、眼睛是发光的，还会伴有一股暖流涌遍全身。接着他又谈到人快乐时精神方面的表现：才思敏捷、思维开阔、口若悬河。而《味觉生理学》开出的享乐主义良方更是掇菁撷华：在和谐、均衡中实现身体的自我和解；在恰到好处地运行中使器官感受到温暖、幸福和喜悦。真是既切合实际，又超凡脱俗！颇有亚里斯提卜[1]积极快乐哲学的风骨。积极快乐哲学有别于伊壁鸠鲁学派[2]的消极快

---

1 Aristippos（前435—前360），亦译作“阿里斯提卜”、“亚里士提卜”等。古希腊哲学家，昔勒尼学派的创始人。亚里斯提卜提出感觉主义的主张，把认识论中的感觉论和伦理学中的快乐主义相结合，创立了独特的享乐主义学说。

2 伊壁鸠鲁派提倡寻求快乐和幸福。但他们所主张的快乐决非肉欲物质享受之乐，而是排除情感困扰后的心灵宁静之乐。伊壁鸠鲁派生活简朴而又节制，目的就是要抵制奢侈生活对一个人身心的侵袭。

乐哲学，后者寻求更多的是逃避烦恼。美食享乐主义可以修身、养性，因此是符合伦理道德的。另外，它还对各种感觉划分了高低优劣，参照这样的评价标准人们就能更好地体会那些最美妙的感觉。这些引人入胜的方法都被收进了《美食测验》其中一章里。

实际上，大自然造就了“欢愉”既神秘又敏感的特性。“人生得意须尽，莫误光阴对愁颜”。《美食测验》的目的就是指明美食的共通性，从而让食客可以直接绕过那些寡而无味的饭菜。文章中这样形容后者：“这些东西简直辱没了人们花在上面的大把银子，其实根本不值那个价”。而“我们所说的美食测验指的是给出大家公认的、单凭品相就能激起体质正常的人的全部食欲的饭菜来。在这些佳肴面前，凡是那些面无欲望也无惊喜之情的人也就不配享此殊荣，体验美食所带来的乐趣了。”从某种程度而言，这其实是一种测力式的方法：首先规定针对上流社会的、极为苛刻的美食标准；而面向贫苦穷人的美食标准则可稍为放宽。该测验还通过匮乏短缺法间接测试人们对美食的反映。具体方法是：通知客人菜单上原定的一道菜肴因为种种原因无法供应了，然后观察人们得知这个坏消息时流露出的表情，有遗憾也有冷淡，有悲伤难过也有无动于衷。布里亚—萨瓦兰明白跟那些酒色之徒谈美食无疑是对牛弹琴。这就是他为何要对享乐进行分级。既然享乐主义是一种符合美学标准且不失优雅的方法，如果不用美食加以检验，那多令人遗憾啊！

《关于美食学的冥想》的作者并没有在纯理论方面裹足不前，他还详细列出了一张非常具体的测验菜单。下面我们就一起来看看这份菜单：一只七磅重的家禽，用佩里戈尔松露做填料制成球形；足量的斯特拉斯堡鹅肝酱，摆成棱堡的形状；填满松露的鹌鹑，放在黄油吐司上，并在吐司上撒少许百里香；浸于奶油虾酱中的烤制填料狗鱼；吊炉烤野鸡安放于神圣联盟吐司之上；一百根初生嫩芦笋，分五到六组绕圈摆放，其上浇淋肉香质酱。而餐后甜点则有：香草味和玫瑰味蛋白酥堆成的金字塔。布里亚特别强调此类甜点只受用于女士，而“男人则钟爱神父腱子肉”。直吃到满口生津、面色红润、双眼放光，然后决定是否继续进攻下一道菜还是拍拍屁股走人。简单来说，哪道菜最令人垂涎欲滴，哪道菜就算胜出了……

要想相信这种美食测验的可靠性，首先要相信“脸是心灵的窗户”，面部表情能够反映人的情绪、感受和想法。为了制定这样一种优中选精的美食评断办法，布里亚—萨瓦兰跟他同时代的许多人一样，满怀激情地投入了对相面术和颅相学的研究。

有一回，他要匆匆赶往第戎去，他的父亲给了他一本拉瓦特[1]的《相面识人术》(*L'art de connaître les hommes par la physionomie*，1778)。这是一本有关如何仅从一个人的面部特征判定这个人的本性的基础读物。拉瓦特自称可以通过鼻子、嘴巴、前额和脸部甚至手的形状来说出一个人的性格、脾气和健康状况。这位瑞士牧师的许多信徒都是大名鼎鼎的人物，如：歌德、赫尔德[2]和雅可比[3]，他们都非常相信面相学。与此相反，黑格尔则在他的《精神现象学》(*Phénoménologie de l'esprit*) 中猛烈地抨击了加尔[4]的颅相学。他请对这门伪科学抱有信仰

---

1 Johann Kaspar (or Caspar) Lavater (1741—1801)，瑞士诗人、作家、哲学家、面相学家、神学家。

2 Johann Gottfried Herder (1744—1803)，德国哲学家、路德派神学家、诗人。其作品《论语言的起源》(*Treatise on the Origin of Language*) 成为狂飙运动的基础。

3 Jacobi，Carl Gustav Jacob，德国数学家。

4 Franz Joseph Gall (1758—1828)，德国神经解剖学家、生理学家，率先研究了大脑中不同区域的心理功能。

的人敲开自己的脑壳，然后就会发现他们那套粗俗的方法只能证明所谓的头颅不过是一具骨头，与人的个性丝毫没有关系。

而布里亚—萨瓦兰却公开宣称自己是拉瓦特和加尔“天性论”的忠实拥趸。他认为，人的某些面相完全是主要性格特征的反映，例如：鲁莽自大、沾沾自喜、阴郁孤僻、淫荡好色等会在面相上有所体现。当然也不乏例外的情况，如：有时各种激情、冲动和感受也会使肌肉更加活跃，从而在肉体上留下持久的痕迹。通过这些痕迹就可以辨认一个人的性情和性格。美食家和禁欲者的命运注定是不同的。禁欲一旦过了头，身体就会早早被厌食症和善饥症摧垮。而热衷美食的人却常有健康、好运相随。一个懂得美食的哲学家给人的一般形象是这样的：中等身材、方脸或圆脸、眼睛炯炯有神、额头小、鼻子短、嘴唇厚、下颌饱满。而喜爱美食的女性形象则是“较为丰满、不算漂亮但讨人喜欢、保养得很好、未来略有发胖趋势。为了更好地辨别那些特别讲究饮食的女性，布里亚—萨瓦兰还指出了她们体貌特征和神态的细微之处，那就是小巧而神秘。“她们的舌头特别敏锐。”得了，大家都知道他想说什么！再来看看那些总是郁郁寡欢或隔绝女色的客人都长啥样：他们脸长、眼长、鼻子长；无论个子是高是矮，总给人一种瘦长的感觉。他们的头发稀疏而少光泽，他们的体态绝不丰满。布里亚—萨瓦兰甚至刻薄地讽刺一定是这些人发明了裤子。而作为他们同道中人的女性则瘦骨嶙峋，在餐桌前总是打不起精神，每天靠着打打牌、传传闲话过日子。真够可怕的！

除了拉瓦特的理论外，布里亚—萨瓦兰还从加尔的颅骨学发现中寻找支撑。加尔认为大脑是由多个部分构成的，每一部分主管一种独特的感情、官能或本能。作为一个饱学之士，他宣称能通过脑壳的形状推断出人的性格特征、才干或缺点。可以说他在数学方面还是很有天分的……但与拉瓦特相比，加尔更强调人的基本直觉，尤其是关于大脑区域定位的基本直觉。布罗卡[1]从加尔的《大脑功能》出发进行了自己有关大脑功能分区的权威性研究。与之相比，加尔这个德国医生从几种直觉引出整个人类思想的哲学则显得过于牵强。

而作为当年颇为时髦的学说，布里亚—萨瓦兰本人

---

1 Pierre Paul Broca（1824—1880），法国外科医生、神经病理学家、人类学家，也是最早发现大脑左半球语言中枢的生理学家。

完全同意加尔的观点。在他所居住的地区发生的两则社会新闻更使他印证了颅相学学说。关于这两则临床案例，布里亚—萨瓦兰并未多提，这着实吊足了我们的胃口。我们本以为他会聊聊味觉活动所对应的大脑分区，因为既然饮食是一项美学实践，那么必然会涉及判断、记忆、比较、评价、结论等大脑功能。遗憾的是他并没有如我们所想，对此多加论述。而如今的神经生理学对此也没有任何新的真知灼见，只不过是追加了更多的细节，同时又引出了更多的谜题。

实际上，神经生理学向我们展示了营养、膳食以及美食加工与人体、神经系统和大脑的密切关系。身体的某一部分会要求其他部分满足它亟须弥补的东西。肉体正是进行这场斗争的战场。而且，尽管当年布里亚—萨瓦兰并不确定，但却准确地猜到了主管这一部分功能的区域正存在于脑垂体的核心部位。

他当年一定非常推崇动物生态学，因为《味觉生理学》一书在谈论美食时总要用一些动物生态学的发现来证明自身的论点。胎儿已经通过母亲的羊水品尝到了各种滋味，又从食物本身及其摄入过程的象征性中汲取了感情养料[1]，关于享乐的记忆或者味道好坏的社会传承，应该说这些都为布里亚—萨瓦兰的书源源不断地注入了新的论据。

神经生物学目前已经发现，感觉图像是味道记忆通过某些化学痕迹呈现于大脑中的形式。同时，也认识到尽管这些模式变化多端，但都密切地依赖于一系列社会的、感情的、生物的、体质的以及符号学的因素。另外，尽管味觉是一种非常精妙的个体感受，但同时又受到集体观念的影响。大脑不是单独运作的，它总是处于与外界的互动之中，这使得大脑自身也使得这个世界永远处于一种活跃的状态。

如果还要给《厨房里的美食家》的作者的哲学家形象再多勾勒几笔，那就得说说他构建美食学基础的方式方法。我们发现他对美食学的研究绝非一时兴起，而是借用了实验科学、医学以及其他各种相关科学的经验、方

---

1 克洛德·费席勒：《杂食人类》，参见 Claude Fischler, L'homnivore, Odile Jacob 出版社；鲍里斯·西瑞尼克：《关联符号和感情养料》，Boris Cyrulnik, Sous le signe du lien et Les nourritures affectives, Boris Cyrulnik 出版社；皮特·法博和乔治·阿姆拉格斯：《人类饮食风俗学》，Peter Farb et George Armelages, Anthropologie des coutumes alimentaires, W.Desmond 译，Denoël 出版社 1985 年版。

法。从本书的序言部分我们可以了解到作者花费了很长时间，搜集了大量材料才完成此书。观察先于理论。作者之所以要写这本书是认为美食学这个题材除了讲怎样做饭外，还有许多方面有待发掘。所以说，这本书奠定了一门以实验为线索的新科学的基础。除了饮食烹饪之外还对食品营养问题进行了思考。如若我们相信布里亚—萨瓦兰所透露的秘密，这种思考曾多次打发了他无聊的宴会时间。尽管掌握了多种如今被称为科学的能力，布里亚—萨瓦兰却自谦是一名业余的医生。

人们经常把《味觉生理学》作为一本奇闻轶事的故事集来读，认为书中不过是一长串的东拉西扯。一名序言作者甚至写道，本书的出版本应多花一点心思，甚至还建议给本书另起了一个副标题印于卷首——“祈祷用小故事集”，这就像总有人为我出一些诸如此类的关于目录编辑的馊主意。然而，这些作者口中的“花边新闻”确是提炼理论必不可少的事实：书中没有任何故事是无中生有，一切都是观察得来的。有关松露家禽和子宫亢奋的故事都是为了以科学的态度印证这种块茎刺激性欲的特质。若非如此，布里亚—萨瓦兰也只能称得上是又一个只关心厨房和食品店后堂那点儿事的雷斯蒂夫。[1]

建立这门有关超验美食的新科学所采用的方法是精确的。包括：观察、提出假设、印证、提出一种普遍的法则，最后总结出具有科学价值的概念，也就是说从不断的检验中得出唯一正确的结论。在布里亚—萨瓦兰笔下，我们才懂得了“实验真理”的真正含义。

有时，作者本人甚至也成了实验的对象，他把自己的身体当成了实验室：有一天，他与朋友一起打猎时发现，仅仅行走了一刻钟后，自己与伙伴们就都口干舌燥了。一经止渴，这种欲望会以同样的强度再次出现。厘清思路后，布里亚—萨瓦兰得出了以下结论：这种可怕的交替是由于行走的消耗、阳光和出汗造成的干燥以及大风吹走汗液等多种原因导致的血液循环加快造成的。用他的话说，这些都是体液流失的表现。找到了病根之后，就要对症下药了：每隔半个钟头喝一次水。这个办法虽然无法直接消除造成口渴的原因，但还是可以缓解口渴的症状。只要出现类似艳阳高照又有大风的天气，人们就必然会感到口渴。布里亚—萨瓦兰又明确说到，第二

1 Restif ou Rétif de la Bretonne（1734—1806），法国 18 世纪世态小说家。

天的经历证实了他的直觉、分析和结论：因为风停了，所以汗液的流失大大减少，所以也就不再需要一直喝水了。这就是他观察到的风作用于人体及精神的结果。

另外，布里亚—萨瓦兰还采用了设问的方法——他谈到了“科学的推论”和“借助于观察的科学”——根据观察所得试着证明某些事实和情况的真实性，然后总结出某条定律，这使得他可以自豪地宣称胜利总是属于科学的。

也就是说，在方法方面，作者总是严格遵照规范进行阐述。无论是什么主题——消化、口渴、饥饿、饮食、食欲——布里亚—萨瓦兰总是首先提出定义，并通过丰富的细节和信息描述这一定义的外延。先是准确地给出一个类似辞典词条的注释；随后对该主题加以发展，就像作曲一般。他非常重视事物发展的来龙去脉，因此总是要明确主题、行为、传统、现象或科学的出处。寻求万物原因的幸福激励着他，他运用掌握的全部学问以及极强的综合能力去证明某种因果关系：物质能量的消耗与食欲的关系；体液的蒸发与口渴的关系；消化运动与乳糜的关系；饮食习惯与身体代谢的关系。说明完毕后，紧接着的是归类和提取典型的工作。例如，在给出口渴的定义后，他又将口渴分为潜在渴感、人为渴感和焦灼渴感三种类型；同样，人的消化也可分为三种类型：正常消化、便秘和腹泻；肥胖症、厌食症、身体消瘦和衰竭也是如此。《味觉生理学》全书就是对各种概念的解析和定义的尝试。如果把作者归为一个亲切的宴会东道主、一个具有绅士风度的享乐主义者，而忘了他是第一个赋予食物、营养和美食哲学价值的人，那是有失公允的。

时至今日，《关于超验美食学》一书仍背负着莫须有的污名，被指责为让哲学沦落为幻想和脑力游戏的奴隶的作品。只有通过它更好地思考我们所生活的这个世界并能更好地在这个世界生活时，这本书才真正完成了它在哲学领域的实践。它绝不是脱离实际，躺在纯观念的天空下睡大觉的一门哲学。而只是对包括饮食在内的一切可能对象的哲学分析。

离了布里亚—萨瓦兰的理论，我们今天就无法对味道进行判断，而他的理论既是一门关于真正的身体哲学也是一门关于真正身体的哲学。对美食问题的哲学思考使他成为该领域当之无愧的先行者。他也是将饮食问题提到形而上和本体论高度的第一人。他运用自己所掌握的全部知识集中回答了以下几个问题：如果说味觉不仅仅是某种用来判断的器官功能，那它又是什么？如果说身体不是我们通常所认为的物质和形状的组合，那它又是什么？如果说愉悦不仅仅是精神的平和和肉体痛苦的消失，那它又是什么？如何从哲学的角度解读烹饪的历史？这样一来，我们就要去分析身体吃、喝、消化、长长、休息、睡眠、做梦、消瘦、节食和死亡的整个变化过程。这一连串奇妙的历险为肉体赢得了赞美也带来了贬损、它被痛恨或诋毁、被阉割或束缚。肉体不再是我们的敌人，身体内在的运转也不再让我们感到耻辱。终于，现代意义上的身体出现了。

生理学是布里亚—萨瓦兰的落脚点。而时至今日，又还有多少人从不把人看做是有血有肉、有七情六欲的生物？如果不知道人何以为人，一切伦理学、哲学、形而上学或者政治学都是空谈。人是真实的、具体的、和谐的，人人都有私密部位，就像人人都有脉搏、有本能、有激情。《味觉生理学》是一部人性化的、充满激情的哲学作品，追根溯源，它也是一本有关情感和体感的书。作为该领域最具革新性的思想，它提出了构建更广阔的理论大厦的基石，如：一元论、生机论、唯物主义以及享乐主义理论，并始终秉持着实验检验真理的方法。只有当我们把真实的存在作为研究对象，而不是以变幻莫测为借口把一种观点演绎为某种学术上的“花瓶”时，这一思想才能真正显示它的意义。如果说哲学再无葬身之所，而布里亚的全部努力换回的不过是一轮旧时明月，那他本应享有的也是一顶月桂编成的花冠而不是祭奠逝者的花环。但是，那些冒充懂行的人却个个叶公好龙。他们只知道大谈特谈柏拉图的《会饮篇》，却对真实的宴会不屑一顾！不过既然这些人已经自食其果，那我们也就无需追究了吧……

第五章

提神饮料神话简史

——悼神农氏和C。

写给珍妮·古好出版社

植物不仅能从土壤中生根发芽、开花结果，有时它们还能将遒劲有力的枝蔓伸向人的肉体，制造出各种梦境、幻象或给人类带来超乎寻常的能量。用来抽食的烟草和拿来灌服的汤剂也好，用来吸食的鸦片和拿来涂抹的波德莱尔式印度大麻也罢，植物界提供了多少种五花八门的奇花异草，人类的身体就经历过多少回飘飘欲仙的化境之游。那个令人心醉神迷的太虚幻境向所有人敞开大门，无论智者还是疯子，预言家还是傻瓜，艺术圣手还是田间野夫，人人都能一探洞天。这些具有刺激性的植物在有些文明中甚至成了全民通用的媒介，用来满足对美好彼世的渴望和暂时摆脱此世的种种烦扰与苦痛。仙人球、葡萄酒，甚至大麻分别成了各地文化的灵丹妙药。这些在肉体中开疆拓土、宣示自己复杂多变的威力的植物同样也可以为沉重的肉体插上翅膀，让灵魂在更广阔的天地间遨游。而培育这些植物的土壤总少不了如下肥力配方：大地分子、黑夜的力量和神秘的洞天福地。根茎是充满了神秘性的植物部位，它们能将被人类用聪明才智利用过的花和枝叶重新吸收。提到花瓣[1]，顾名思义，人们不难联想到那等待救赎的灵魂居所，或是对四处游荡的黑暗夜神的崇拜。

在为花与叶建造的万神殿里，正举行着一场身体的欢庆。那些具有神奇功效的鲜花和叶片使得身体摆脱了惯常的地球引力，纵情欢乐。我满怀喜悦地想象那些茶树、咖啡树和可可树的果实经过煎煮和炮制施展着各自的魔力。关于它们的神话从远古一直流传到今天。这些神话讲述的都是同一个故事，就是如何通过反复调度躯体，为灵魂以及承载灵魂的肉体制造一种必要的张力。这些不含酒精却同样能起到刺激作用的饮料，它们含蓄、柔和又能顺势而为，它们曾是印度教高僧抵达涅槃之境的必备之品，现如今又成了法国爱丽舍宫各位政要的座上新宠。一杯下肚，即可摆脱痛苦的深渊抵达幸福之秘境，它们简直称得上是最受欢迎也最必不可少的解忧忘愁之

1　该词的复数（limbes）在法语中还表示地狱的边境，指遵守教规的人死后等待耶稣解救的地方。

灵药。

茶、咖啡和巧克力可以说在提神饮料界形成了三足鼎立之势。它们的发现都出于偶然，它们的发展又都是文化、知识和对品质生活追求的结果。可以说这三者是随机性与具有仪式感的符号系统相结合的产物。从神话中可以追溯到它们的起源。这些神话曾深深影响过人类的灵魂。在神话里我们可以遇到天堂的园丁、长着羽毛的蛇、禁欲苦行的僧侣、沉睡的先知、生殖力顽强又能轻易置人于死地的武士、长着牛头的神明、切掉自己眼皮的冥想家、陷入痴狂的山羊、香气熏人的处女或沉迷于用赤狗献祭的皇帝。酒神狄奥尼索斯[1]常与疯狂、神秘、不拘束缚和无穷的能量联系在一起；即便是以遵规守矩、节制有度著称的太阳神阿波罗[2]性格中多少也有上述色彩。而只要饮下盛在双耳瓶中的茶、咖啡和巧克力这三种饮品，人人就都可以对抗死神及它的各种化身，如：困倦、昏沉、乏力和因体力透支而变得沉甸甸的身子。

---

1 Dionysos，希腊神话中的酒神。此词在哲学概念上借指激情、狂热，与阿波罗相对。

2 Apollon，希腊神话中的太阳神。此词在尼采哲学里借指调和、中庸的理性主义倾向，与狄奥尼索斯相对。

人们把它们称作“战神之液”[1]，专门用来消除负能量，转化多余的熵，从而打败死神塔纳托斯（Thanatos）和他的孪生兄弟——睡神修普诺斯（Hypnos）。而那些对药典情有独钟的玄学大师们也凭借这些飘飘然的时刻成功地征服了地狱和魔鬼。

中国有一位皇帝叫神农氏。他发现了一种被道家称作“长生不老之药”[2]的饮料。这位皇帝长着牛头人身，很有可能是我们西方希腊神话中经常出没于克里特岛迷宫内的人身牛头怪兽弥诺陶洛斯（Minotaure）的远房兄弟。这位神农氏有不少造福人类的发明。他是农业和医学的

1　见巴尔扎克全集第十二卷“社会生活病理学”《论现代兴奋剂》，伽里玛出版社“七星丛书系列”。又见让·克洛德·布洛涅，见上述引文。又见沃尔夫冈·施菲尔布族：《兴奋剂史》，由德国人 E.Blonde 翻译，欧·汉森—勒夫、T. 莱登巴赫和 P. 培尼松合著的《漫步者》，伽里玛出版社 1991 年版第 21—56 页及其他一些地方。

2　Le breuvage d'immortalité: So Shitsu Sen, Vie du thé. Esprit du thé, J.C.Godefroy, 1982；千宗室：“茶道人生”、《茶的精神》，J.C.Godefroy 出版社 1982 年出版；J. 布劳菲尔德：《中国茶艺》“参考书目”第 251—253 页，Devy 出版社 1986 年版；玛格洛娜·图桑—撒玛：《食物的自然史和伦理学》第七章第 403—422 页，Bordas 出版社 1987 年出版；雅克·汝莫—拉封：《茶》，Nathan 出版社 1988 年出版；保尔·布特尔：《茶的历史》，Desjonquères 出版社 1989 年出版；吴智和：《中国茶艺论丛》，Philippe Picquier 出版社 1990 年出版；见冈仓天心：《茶之书》，英国人 M. 穆雷翻译，Devrey 出版社 1992 年出版。

开山鼻祖，教会了人们土地耕作和种植作物的技术。他又教给人们如何利用动植物遗骸中的腐殖质开垦、播种、收获。距今2500年前，神农氏传授耕作秘籍的同时，欧洲刚刚进入巨石建筑文明时期，而遥远东方的天朝上国已经见证了真正黄金时代的到来。那时的中国人个个都是圣人或英雄，他们的品德完美无瑕、无可指摘；他们慷慨好施，土地物产丰盈。

神农氏教给他的子民把水烧开了喝。不管是神也好，是人也罢，反正这些中国的上古英雄总是被痢疾或各种寄生虫所烦扰，这些疾病成了他们的头号杀手。所以，神农氏把水煮来喝，这种既富居家气息又有医疗功效的举动为他增添了许多神秘色彩。人类的许多发现都或多或少有点无心插柳柳成荫的意思。在这些引发重大变革的事件中，偶然性发挥的作用通常要远远超出理性规划。于是，故事就这样自然而然地发生了。一日，和风撩落被太阳晒干了水分的叶片，不偏不倚坠入皇帝的碗里。皇帝是个聪明人，不动声色、静观其变。神农氏向来崇尚道法自然，他仔细观察碗中的变化，然后啜饮一口汤汁——味道着实不错！这一幕场景简直如同照搬了斯宾诺莎“能动的自然”（nature naturante）为被动的自然

（nature naturé）服务”的剧本。牛头人身的皇帝就将这一发现广为传播，因此又在自己的丰功伟绩中增添了光辉的一笔。而中国也就成了这一流传千古、造福人类的仙液琼浆的发源地。

中国古代关于礼法的书籍中记载了茶叶有序采摘的步骤，这种仪式后来发展成了茶道。茶道的礼数非常严苛，一招一式都有特定的法度和象征意义，丝毫不容逾规。遵循古法，只有豆蔻芳龄的纯洁少女才有资格采摘茶叶。在神圣、广阔的茶园里开始新一天的辛勤劳作之前，美丽的少女们谨慎地沐浴更衣、换上焕然一新的衣裙和手套，而它们的材质则如少女们的呼吸般清馨。采摘悄无声息地进行，此时唯有裙裾窸窣、茶枝吱嘎的声音。

身体洁净、口气清新、衣衫整洁、嘉言善行，这些常人眼中看似执念的规矩却被采茶人严格奉行着。这样的要求与我们在其他圣地所见并无二致，如：埃及庙殿每日开启与关闭之时；德尔斐的古希腊阿波罗神殿；罗马台伯河附近的贞女之火；天主教神父赐予圣灵、圣酒和圣体的仪式。神明和火分别成了抽象原则和实体的象征。而茶园就如同一座神殿，茶叶是神赐福的仙露琼浆，采茶则是对古人神圣又极具戏剧效果的仪式的传承。

神农氏的传说提供了一种不可预知的发现与可传承的记忆相结合的考古学蓝本。另一则传奇故事则在茶平易近人的特征之外强调了它的精神气质和影响力。从谱系学的角度而言，这则极具象征意义的传奇使得印度达摩王子在茶的诞生史中占据了与上述那位牛头人身的中国皇帝比肩的位置。达摩是印度教的圣人，位置相当于天主教的圣奥古斯丁。年少时享尽世间荣华，美女、佳酿应有尽有。后来，达摩悟道并皈依宗教，结束了之前纸醉金迷的生活。赎罪是一条艰辛的道路，祈祷成了这位印度王子的唯一选择。他并不是日出而作日入而息，而是一天二十四小时不间断地祈祷和修行。信徒们少有在课业上惜力的，他们往往废寝忘食，除了祈祷和冥思外鲜有其他。而要辨别一个佛教徒是否已达到至臻至善的境界，一个重要的判断标准就是目不合拾。在喜马拉雅山麓，达摩长期坚持着这样的修行生活。公元519年，修道院刚刚在欧洲兴起。与此同时，达摩也开始了他宣扬禅宗佛法之旅。他跋山涉水，一边赶路，一边祷告，被人视为先知。多年来，他不眠不休，远离任何动心移情之事，人们甚至未曾听闻他以何果腹、欢笑几度。然而，魔障从不肯轻易退缩，多年清心寡欲的生活之后，他的肉体仍无可避免地衰弱了。该来的终会来——达摩睡着了。

不难想象达摩醒来时的愤怒！多年修行功亏一篑。面对睡神的胜利，所有在西天净土置产的分期付款一朝清空，美好的愿望化为泡影，负疚感咬啮着他肉体的每一寸肌肤。于是，达摩选择了自残。他找来刀片，切下了双眼的眼皮，并把这一切不幸的罪魁祸首埋到了地里，也预示着自己未来易朽的尸体同样的命运。就这样，他迫使自己永远告别了睡眠。

达摩重新上路。多年之后，他在自己当年埋下眼皮之处发现了一丛植物，植物的叶子酷似自己的眼皮——茶树，这饱含着肌肤精华之物惊现于世。达摩吃下几片这种野茶树的叶子，吃的过程中他发现自己居然获得了无需不合眼的力量。另外，他还感到无论是肉体还是灵魂，都充满了喜悦、力量、笃定和能量。他彻底信服了这种植物提神和令人振奋的功效，将它用于弘扬佛法、传授给弟子并对他们说："大家都来喝吧。"或是类似这样的话。至少在我的想象中是这样……

从此以后，佛教在中国得到了真正的发展，与此同时，茶也以同样地速度受到了广泛欢迎。二者就像一对孪生兄弟在现实世界中你追我赶地前进着。最开始的时候，人们把茶叶做成茶饼咀嚼着吃，用来纪念和庆祝当年达摩吃茶的经过。随后，又把茶叶磨成粉状冲着喝，而且要把茶粉不断地搅拌直到起沫为止。自中国明代起，人们开始将茶叶泡着喝，并渐渐发展出了一套饮茶的仪式。这套茶道仪式一直流传至今，是一种高度象征性的精神修炼，于细微处见精神。通过细节和细腻的一招一式体现这一浸淫了佛、道两种精神文化的内在本质。从词源上看，茶道的一举一动都极富诗意，也就是说，在其过程中产生意义和形式。它的设计也极具美学价值，在时空二维的流转中以一种强烈的表现力唤起美感。整个过程的信息都通过细节得以体现，也正是在细节中蕴藏着让每一朵叶片盛开的念力。

茶杯即是灵魂和塑造灵魂的文明的返照。这充满仪式感的、极端精确而又具有特定含义的一招一式产生了茶道。茶道崇尚的是动与美。动作通过一种虚拟的方式为追求更高级别的现实提供了可能。茶是通向禅境之路，而细节的完美则是重中之重，因为瞬间也是宇宙的缩影。无细节则无整体。从神农氏到达摩再到茶道的奉行者，茶成了高度精神化的载体。

与欧洲的伊拉斯谟同时期的、充满神秘感的中国、日本宗教僧侣，他们所构建的真正的茶道哲学首先基于柏拉图的净化说，也就是说，让器物和动作回归其本质，最大限度地减少感性因素的影响。正如当代极简主义艺术那样，只保留精华和必要的部分。无需语言的表达，也无需太多的物体，只需大量的符号，这些对外行而言看似毫无意义至少是非常抽象的符号，却可以为内行之人一一破解。淡化物质，只存其形，意则盘旋于形上。完成整个仪式的房间简朴到极致，四墙围起的虚空远比实用的大小更有价值。空间，如同一个中空的模具，唯一的意义就是容纳无形的精神。禅宗思想所推崇的这种来自虚空的张力，绝不是西方否定派所说的一无所有。

千利休（Sen Rikyu）将茶道精神提炼为四条基本原则，即：和谐、尊重、纯净和安详。和谐生于主与宾、此与彼的相遇，用黑格尔的语言说，就是“两个自我意识的对立斗争”。如何将开始时不可调和、对立的两股力量，或者说至少原则上互相矛盾的两股力量，转变成辩证统一的两个部分？茶正是对这一问题进行思辨的有利时机。这些天生被分隔、撕裂的片段在文化的层面被重新凝聚在一起，并通过一种和谐的、成功的主体间性

（intersubjectivité）将彼此间的差异传承下去。茶从被超越的多样性出发，利用互补性实现并发展了相关的同一性，从而使这些片段得以升华。在此之前，辩证法从未以如此现实、具象和内在的形式予以呈现。二者相辅相成：可以说这是伦理学最佳的表达范例。

在交互主体性的两个部分之间流动着一些密码，这些密码对用来代替感觉的情感很有价值：在合适的季节来一场清淡的聚餐，提供一些礼食，满足口腹之愉。整个仪式的高潮是礼物交换节目。新入会的成员通过这样的礼尚往来培养起殷勤周到的人际关系。所有的暴力、争斗、冲突或者对立都转化为馈赠。对礼仪的细腻之处一丝不苟地遵从驱散了天性的野蛮，从而构筑起风格——这一切文化之脊。参加茶会的双方互示宽容与温良。谦恭和分寸成为通向与他人和平相处并享受与他人良好人际关系的小径。这样一来，辩证法就与美学完美地合二为一了。

对礼仪的尊重奠定了秩序的基础：在奉茶的过程中可以体会统治宇宙的力量。不但可以体会到这种力量，甚至能够抵达这种力量。一切皆可感知，万物都有其意义，包括：对物体的选择、呈现以及它们的数量与质量；物体摆设、固定或移动的范围和方式；身体的运动、姿态以及对各种体力的组织。对美学的“器化”和对伦理学的辩证化都有助于从“纯粹”到根本意图的转化。茶会开始之前，首先要做一些清理的准备工作；茶会结束后，仍然要以同样的方式、出于同样的考虑进行清理工作。人们扫除的并不仅仅是真实的尘垢，而且通过搜寻这个污秽的世界以及充斥着熵的宇宙中一切象征性的不洁、虚拟的污垢和精神上的尘埃消除肮脏存在的可能，只存留真实的能量。如此一来，经过茶会主体间建立的和谐关系、对茶道的尊重、充满神秘色彩的净化过程，茶会帮助人们体会到泰然自若的状态。任何人在这种氛围下品尝一口香茗，都能体会到精神上的满足，达到一种极高的冥想阶段。

萦绕在这些幸福的人的周围的一切都显得如此美丽、纯粹、完美。凡是触碰到的器物的材质、容器以及它们的摆放、范畴、缓缓流逝的时间、空间轻微的响声、乐烧茶碗[1]、竹制的花瓶以及插在其中的花枝、质朴的座席、神

---

1 所谓“乐烧”在日本茶人的常识当中，指的是距今约400年前的日本桃山时代（1575—1603）出现的划时代茶圣——千利休（1522—1591）指导下的乐烧初代创始人——长次郎（？—1589）所创制的，仅用于茶道的一种茶陶。在当时，这种茶碗又被称作“今烧茶碗”、“宗易形之茶碗”及“聚乐烧茶碗”。

龛、印有图画和禅宗训示的卷轴；花园显示着被驯服的能量、小道指明通道和入口。唯意志论取得了完全的胜利，没有什么可以逃得过意志，自然臣服于人类。一切动作都由传统决定并编上代码。文明实现了最高程度的精细化。内在成为先验的工具，而美化则是它的辩证法。

冈仓天心（Okakura Kabuzo）在20世纪初歌颂了茶道。他在书中写道，茶道可以使信徒“依循社会规范行止进退，而油然生出浪漫主义情怀”，这是一门自得其乐的艺术。在这种高贵的诗意中，他还发现了具象的哲学。我甚至从中看到了一种宗教——religare，这个词就是指在原本浮于混沌的事物间创立一种联系。它首先是象征意义上的，其次是现实的，最终成为某种理所当然的联系。生活因而也成为一门艺术，雅致成为一种美德，而文化则成为一种与它长期蒙受的自然和野蛮相对的卓越存在。茶道是对存在的美化，它使我们饮茶的象征性空间成为一处对道德观而言具有象征意义的所在、一方容许新的存在可能的私密之地。在这里，礼貌、保持适当距离的艺术以及我在别处称之为“舒适法”[1]的科学成为

---

1 参见翁弗雷：《自我雕刻——美学道德》，Grasset出版社1993年版，第232页。

关注的核心和最重要的美德。最后，在茶会上，本质通过细节显现。美德通过行为体现，而那些几乎无法察觉到的动作所蕴含的美只有内行才懂得解读。我赞同人们所说的雅致是教育、压力、唯意志论和个人苦修的结果，不是人人都能享有的。我也很高兴在最后一课中，冈仓天心基本承认如果在主体间没能建立高贵的关系，那么道德和主体也就不存在了。

围绕着咖啡，这一提神和刺激性饮料的发现、发展和饮用的神话传说在形而上学和精神气质方面与茶多有相似。而这一次，最先发现咖啡的是也门人。还有人说是阿比西尼亚人（今埃塞俄比亚人）在阿拉伯半岛的土地上最先发现了咖啡树的踪迹。就我个人而言，我更喜欢把这种植物的发源与埃塞俄比亚人联系起来，因为在我的印象中，他们的面孔和皮肤有一种非常高贵的美。让我们权且认为，这段历史是发生在阿拉伯世界和非洲大陆接壤的地方，由红海冲击出的土地上。就是在那里，有几个深居寺堂的穆斯林。传说中还具体地指明了那座寺的名字是澈好德（Chehodet）。这几个穆斯林负责放牧山羊，这些山羊的羊奶可以用来做奶酪，羊皮可以用来做衣裳。在这片烧垦过的土地上，动物们用一切可以找到的食物果腹：款冬、鼠尾草、含羞草、金雀花或是山柑。

某天晚上，正像所有的神话里总是有一个改变一切并给人带来启发的时刻，羊群突然变得疯狂起来。僧侣们发现这些动物不肯睡觉，而是到处跳来跳去，又是爬上爬下，又是蹦蹦跳跳。它们这种荒唐的活蹦乱跳显得极不正常。一般来说，在这些信道者的看护下，山羊都会利用夜间恢复白天在炙热阳光下累积起来的疲乏。而这一夜，山羊无疑显得非常兴奋，毫无睡意。西瓦德利和艾德鲁斯这两位牧羊人对这一现象感到好奇，他们担心这是动物们吃的东西造成的并发现羊群吃了大量的咖啡树枝上的果实。牧人将咖啡树枝连同其上的果实一起交给了伊玛目，这可是最关心寺庙命运的人物。他尝了尝这种长得像樱桃的果实，新鲜的果实味道并不讨人喜欢。于是，他又把果实烤熟、压碎、研磨，再加入煮沸的开水。就这样，他几乎一下子就发明出今天我们所喝的咖啡了。伊玛目的灵感之源是常人无法窥探的，因为我们不晓得出于何种奇怪的理由，也不知道他是否尝试过其他的方法，反正煮制咖啡的一整套必要动作就这样诞生了。穆斯林果然有才！但这也不紧要：伊斯兰发明了这种饮料，可以让人妙语连珠、思路清晰、长期对现实进行构建。阿拉伯人之所以能成为现代数学、几何建筑、抽象概念的鼻祖——这一切都要归功于咖啡。寺庙里的人首先成了伊玛目的试验对象：他的这些同教弟兄们需要保持清醒的头脑。饮用这种汤剂使得信徒们身体愉悦、思如泉涌、领悟能力大大提高。就像茶的效果一样，困意在这种饮料面前只能退避三舍。而在深夜，他是唯一品尝这一饮料的人，当他周围的人在祷告时不停地与困意作斗争以避免落入梦神莫尔菲（Morphée）之手时，我们的这位伊玛目却始终一副精神焕发的模样。

咖啡的饮用彻底改变了人们的时间观念。布里亚·萨瓦兰在他的《味觉生理学》一书中开诚布公地说只要来上两杯咖啡，他可以坚持四十个小时不眠不休。我们敢打赌，小剂量的咖啡使人提神，而过多地饮用这种粉末状的果实，人就会像打了鸡血那样神经兴奋。对那些全神贯注于祷告和冥想的教徒来说，献给睡神西普诺斯（Hypnos）的睡眠和夜晚时间越长，相应地献给真主安拉的时间就越短。计时工具的发明和各种提高时间利用率的饮料的发现在被商人用来获利之前都是牧师和教徒的发明。

而那时，澈好德（Chehodet）寺庙的伊玛目对咖啡完全敞开了怀抱，正是他给大家分发了这种救世主般的饮料。一样东西一旦存在于世，就要给它起个名字，这个名字的能指和所指要与它最精华的部分相符。于是咔哇喝（Kawah）这个名字就诞生了。这个名字首先指出了咖啡的起源地——卡法（Kaffa）省。另一方面，也是为了庆祝咖啡给人带来的兴奋、开心、精力充沛和飘飘欲仙的状态。我们同时还会想到与这个词发音相近的一位波斯的伟大皇帝——卡武斯·卡伊（Kavus Kaï）。这位皇帝单凭意念就成功地摆脱了地球引力，驾一辆飞车升天而去。这倒是对人名研究和词源学提供了一个好素材。

长久以来，医生、旅行家、哲学家和多题材作家都写了许多关于饮料效果比较的文章：感觉是被刺激还是被抑制？胃口被打开还是被控制？生命是被延长还是被缩短？身体机能是被消耗还是被加强？对人体是好是坏？可能结论多种多样，甚至自相矛盾。但所有这些又似乎都能自圆其说：咖啡能够缓解忧郁，而且能够抑制眼泪。另外，正是因了这些五花八门的知识，狄德罗和达朗贝尔才得出如下结论，那就是：《奥德赛》第四首短歌字里行间提到的饮料正是咖啡。短歌是这样描述的：在海伦用来侍奉家人所用的双耳爵里盛满了泪水。泪水如此汹涌以至于人们担心需要再建一艘挪亚方舟以抵御洪水的到来。家里人人都在为尤利西斯的迟迟未归感到忧伤：儿子特勒马库斯在哭；父亲雷欧提斯在哭；妻子佩妮洛普也在哭。海伦是宙斯的女儿，也算得上一号人物。她将一种来自埃及的毒药投入双耳爵内。人们对这种毒药一无所知。只知道它止住了所有人的泪腺，然后，痛苦和愤怒就被平息了。绝对保证疗效！当今的科学家顺着百科全书派的思路，提炼并展示了咖啡中所含的三甲羟基嘌呤分子，这种成分的确具有海伦所施展的魔力。为了更好地理解上述有关海伦的故事和百科全书派的理论，我们一定要读读巴尔扎克的《论现代兴奋剂》。其中写道，咖啡会产生过盛的情绪，而这些情绪会使人远离睡神以及它的各种化身。

在希腊人看来，困意是死亡的兄弟。睡神修普诺斯（Hypnos）和死神塔纳托斯（Thanatos）是兄弟俩，他们都是地狱的黑暗之神厄瑞玻斯（Eurèbe）和夜晚之神尼克斯（Nyx）所出。睡神日夜不息地跋涉过千山万水，让途中的一切沉入睡眠，然后再许给他们一个甜美的梦。

战神阿波罗和文艺女神缪斯是他的挚友；后来，修普诺斯爱上了羊倌恩底弥翁（Endymion），于是赐给了他睁着眼睛入睡的特权，这样一来，睡神就可以一直看到他那美丽的虹膜了。时至今日，他应该能够预见：终将有一些物质在帮助人类节省脑力的同时，也能使人与集苦痛折磨与无边伟力于一身的死神擦身而过。因为正如波德莱尔所写："困意是每夜一场幽暗的探险"，它喻示着虚无的主题，也是对死者所经历的无边暗夜的最小变体。产生睡意的毒素会产生疲倦感，而疲倦则是衰老的前兆，对虚无的一种预感。睡神修普诺斯是死亡的化身，也喻示着人类不得不屈服于身体发出的指令以及各种生物和生理需要。而兴奋剂则是长生不老和永恒的序言。因为能够限制身体发出的指令，兴奋剂真可称得上是灵液琼浆。他们昭示着文化对自然的大获全胜，人类意志所创造的药典学对命运无常的胜利。

咖啡和茶叶中含有研究者所谓的幸福因子。之所以这样说，是因为这些因子能够使人保持头脑清醒的良好状态。为能尽量说清楚这两种饮料的功效，我想借用布里亚·萨瓦兰对咖啡的一段评价——他对茶倒是未发表过任何高见。他说，咖啡可以提高人们对抗困意折磨的能力。

这种说法能反映出过度疲劳、疾病、困扰或不适所带来的深度的昏昏欲睡。我可以想象那些困倦的、焦虑的、痛苦的精神状态。这些使得人生变得无比沉重，甚至难以承受。而茶和咖啡则是对抗它们的良方。睡神已经几近于死神了。日常生活制造的种种疲惫、时间流逝给人带来的不堪重负、担忧与战栗，这些都像一把“杀猪刀”活生生剐割着肉体的存在。而上述神奇的饮料则可以为身体加油鼓劲，让精神重整旗鼓。它们用自己的方式按下时间的暂停键，让人类拥有了与各路神仙匹敌的躯体：这些躯体不再受时间所左右，也不再受熵、浮力和重力的摆布。为了庆祝这些美德，必得建立一种能够掌握时间及其流转艺术的宗教，一种掌握了将死亡的灵感转化为与其对抗的能量、限制其肆虐的力量和智慧的宗教。

长有牛头的神、割掉眼皮的王子，此类的亚洲神话故事还有很多。而在美洲大陆的土地上与之相应的则是打理天堂花园的一条羽蛇神——魁札尔科亚特尔（Quetzalcoatl）。如果说茶有佛教的气质，咖啡有穆斯林的风骨，那巧克力就是人与大自然和谐相处的世俗文明的代名词。这样的文明里，人们经常献祭，对太阳神和酒神主持下的集体交欢乐此不疲。可可饮料是神的发明，而这个神正像神农一样，对森林和繁茂的植物丛中隐藏的秘密无所不晓。直到启蒙时代，人们常说的巴洛克式的巧克力都还首先被视为一种可以令人热血贲张、刺激性欲并使人情绪激昂的香料。在焙炒后的可可壳里加入各种混合的提味料，如：枸橼、柠檬的新鲜外皮、茉莉花、桂皮、琥珀、麝香、辣椒、胡椒、茴香、生姜和酸味素。还要加上胭脂树的果实（roucou）—— 一种让人联想到非洲红土颜色的粉末、木棉种子和玉米粥。毫无疑问，有了这些材料，灵魂想不要燃烧，肉体想不要激动也难。今日巧克力的老祖宗当年真的是异常威猛啊……

魁札尔科亚特尔是个可怕的人物，他的脸因为那个张满络腮胡的大头而显得丑陋。但是，他教会了仆从们加工绿色的宝石、熔炼银子和制造各种玩意儿的诀窍。他还是各类草药的专家并用草药神奇地治愈了很多疾病。他还发明了一种天书般的文字并编写了一本有关各种符号的书和一本用来预言的历书。在他的精心治理下玉米丰收、南瓜茁壮，人们开始关心天象和梦境。怜悯和正义无所不在。当然，嫉妒他并想要取代他统治世界万事万物和人类的也大有人在。利用他生病的机会，一个叫蒂特拉卡万（Titlacauan）的老魔法师用一种据称有神奇疗效的饮料治愈了他的疾病，而这种饮料其实不过是用龙舌兰制成的一种叫作“提奥美特尔”（teometl）的白葡萄酒。羽蛇神经不住魔法师许以青春不老的蛊惑终于选择离开自己的国家，坐上一只由许多蛇组成的奇怪的筏子，在有着神奇羽毛的鸟类的护送下从海上驶向一个遥远的岛屿。在他身后留下的是由绿松石、白银、玫瑰色螺钿和羽毛筑成的各个宫殿烧毁后的废墟。所有珍贵的东西都被一股脑儿地埋葬在了岬谷深处和河底。在东方人民的期待下，他又以一位大胡子的白人形象重归故土，被称作罗索（Roseau），人们还以他的名字纪年。不过几个世纪之后，人们把他和头戴盔帽、身穿盔甲的科尔特斯（Cortès）混为一谈。而后者则是从巨大的快帆船上走下并随身带来恐怖、死亡以及前所未有的血腥屠杀的西班牙殖民者。之后发生的事就众人皆知了。诞生了可可的古老文明就此消失，而巧克力则在欧洲启蒙时期天主教氛围浓厚的西班牙盛行起来。随之而来的是受市民阶层和修女们喜爱的加了糖和香草的巧克力大获成功。这种经过再加工的饮料一直以来，或者说至少几个世纪以来都延续了可可与糖浆搭配的组合，成为各个有闲阶级、病人、妇女和孩子最忠实的伴侣。至少它目前享有的盛名还是源于这样的配方。

我们还要记住前拉美时期巧克力猛烈的口感。作为当时玛雅人的常规饮品，这种加了碎蚕豆、香料和水的巧克力被称作“恰口阿阿”(chacauhaa)，一般是那些即将奔赴战场的壮士们在发起冲锋前集体饮用的一种“壮行饮料”[1]。要想获得蚕豆，还必须遵从一套酒神制定的礼仪规范。在仪式过程中首先要献祭长着红棕色皮毛的狗，因为这种颜色接近作为饮料配料之一的胭脂树果实的颜色，紧接着是酒神节时所跳的舞蹈、赎罪宗教仪式和戴着面具的狂热分子。那些负责护理可可树的农民在收获前的十三天内不得行房事。与之相对的是，收获当天，

---

1 见布里亚—萨瓦兰，《味觉生理学》，《沉思篇》第六章，第47页；艾尔伯特·布尔高，《四个世纪的可可和巧克力史》，布鲁塞尔国际可可和巧克力办公处1935年发表；玛蒂娜·乔丽，《巧克力——永不满足的激情》，Robert Laffont出版社1983年版；克里斯蒂安·康斯坦，《巧克力》，1988年Nathan出版社出版；爱丽丝·皮特斯，《喝巧克力》，《大地》杂志1989年10月第13期，第98—104页；莱奥·穆兰，《餐桌上的仪式》，Albin Michel出版社1990年版；艾丽斯·加斯帕尔—大卫，《人和巧克力》，里昂博物馆1991年发行；尼基塔·哈维奇，《巧克力史》“参考书目”第267—282页，Desjonquères出版社1992年版；皮埃罗·坎波里奇，《巧克力的味道》，出自《启蒙时代的生活艺术》第185—206页，由意大利人M.Bouhazer翻译，Grasset出版社1992年版。

他们可以纵情享乐。饮料由童男童女奉上，先是敬献皇帝，再来是主祭、官员和一些无关紧要的人。这些人统共要喝掉两千金盏的巧克力。

在人们用来献给作物众神，如：雨神、丰收之神和商业之神的典礼上也会提供这种饮料。人们先是点燃香烛，然后献祭一根蓝色的山药；还要呈上具有象征意义的美丽的鸟羽、几头野兽。每个人手里还要握有具有象征意义和神奇魔力的可可树枝条。仪式的高潮是事先遴选过的几对男女当众交欢。这种交欢被认为是能够与神相通的。

除了用来庆祝权力、战争和丰收之外，人生许多重要时刻的庆典也少不了可可：孩子出生和起名时；用雨水、花瓣和棕色粉末沐浴的成人礼上；求婚仪式或亲朋死后的送葬仪式上。人们就这样把可可与生死、权力与性欲、实力与命运以及一切与精液、性欲、繁殖、开端相关的时刻联系起来。而这些事情都是在死神塔纳托斯（Thanatos）的管辖范畴内。皇帝、士兵和农民通过这种饮料进行交流。同样，他也标志着一段新的、充满活力的旅程的开始：孩子出生、起名；少年成人；男女结合；战士奔赴战场；农民播种；死者的灵魂升天。巧克力是为人生重要时刻准备的饮料，一种能够体现顽强的生命决心战胜艰难险阻精神的饮料。

如果说茶和咖啡能够增强大脑和精神的活动能力，那巧克力则以它的色情闻名。这里所说的是广义的色情，即：能量和体力的威力。我们通过乔治·巴塔耶（Georges Bataille）的描述可以想见那些小范围内消费巧克力的体验，而这些体验通常是不为人所道的：色情、死亡、生殖、谋杀、狩猎、战争、献祭、卖淫、狂欢、浪费、消耗、自主权、过度以及一切在他看来属于广义经济学的问题。只要想想那些添加的香料，我们就不难理解当时的巧克力的确是像巴塔耶定义的、与宗教联系紧密的一款饮料：通过强力将人之肉体与现实世界分离，使之成为两个对立的部分，从而追寻那因力量、原则和精力流失所失去的内在；努力理清思路从而更加充分地、更加自主地实现自我认知；通过消耗多余的部分对存在进行转化，从而进行有限度的实验，获得味觉漩涡带来的、与声色犬马相关的知识。

从这一观点出发，宗教其实是调动各种能力发掘最深层的自我并发现身体内部喧哗之处的过程，而茶、咖啡和阿兹台克的巧克力有时恰恰能激活构成身体的那些材料。在那些长期饮用上述饮料的人体中，总能隐隐发现表达喜悦的渴望，如：想要存在的更久、超越各种局限以及挑战身体极限、更加警醒、精力充沛、体力大增、头脑清醒等等。这三种饮料是滴酒不沾的狄奥尼索斯的新宠，它们赛过任何琼浆玉液和忘忧草。只消来上一杯就能踏上通往持久、稳固、活力的康庄大道：它们是形而上的、褒义的，也是精神的和建构的。神性的存在只是为了证明在我们易倦的身体局限之上，还有一方可以激活的风云变幻的天空。摆脱地球引力和昏昏欲睡的困扰一直都是令人类兴奋的梦想。那些超验性的宗教也有着类似的意图；而在这些兴奋剂所带来的飘飘欲仙的快感中，尽管我们人类仍无法摆脱时间的束缚，但却被慷慨地赐予与众神相似的福祉，能够不眠不休地逃离睡神“修普诺斯”的魔掌。只要献上我们的激情就可以将他的兄弟——死神“塔纳托斯”暂时抛之脑后。然而，我们所不愿正视的是，最终的胜利永远尽在死神的掌控。

第六章

烹饪符号帝国

——悼卡汉姆[1]

写给米歇尔·布鲁诺

1 Marie Antonin Carême（1784—1833），法国厨师。

一个时代通过该时代的全部产物进行自我表达。上至阳春白雪，下至下里巴人。那朦胧、模糊却又意味隽永的时代精神就渗透在这些创造物的点滴之中，一种持久的风格随之成形。这种渗透并非定要发生在那些可以感知的、理性的、有意识的领域。我更倾向于认为这是将创造者、一切创造者与某个时代联系在一起的某种本能、各种直觉以及对各类主题和价值标准的某种非理性传播。这是一个紧密团结的时代、一个能够领会并表达和谐的时代。

从长远来看，一种不算起眼的理论也可以将许多伟大的人物联系在一起。例如，拿破仑、贝多芬、歌德、黑格尔，还有傅立叶和勒杜[1]，他们作为富有普罗米修斯般

1 Claude Nicolas Ledoux（1736—1806），法国建筑师，曾领导建筑巴黎的城墙和城门。

反抗精神的艺术家，都在各自的领域，努力以一种丰碑式的气魄攻占现实，并根据自己的意愿将现实塑造为力量所及的形式。这些英雄和巨人，将灵感注入创造的作品之中，这些作品就与历史一起成全了他们的命运。他们表达自己的时代，同时也被时代所创造。我相信厨师也是一个时代的艺术家，他们也的确称得上是艺术家。作为艺术家，他们所创造的形式与时代创造的形式是大同小异的。

因此，无论是炉灶旁的卡汉姆还是战场上的拿破仑；也无论是精心设计凯旋门图纸的查尔格林[1]还是全心全意投入“雅典的废墟”谱曲的贝多芬，他们都在与现实进行着一场搏斗。然而，现实并不甘于轻易投降。因此，需要以一种近乎经院派的方式对现实进行审讯：单数的主体是某种意志的工具，是在意志中体现的命运。单个主体的任务是将技能和文化安放在这个混沌的世界之中。命运与历史、形式与持久、风暴与激情，每个人都毫不留情地发动着一场对抗现实的战争。每个人都被现实纠缠，每个人都希望现实臣服于自己的意志。安东尼·卡

---

1 Jean Chalgrin（1739—1811），法国建筑师。

汉姆想要的是愉悦和品位。为此，他一边通过大量有关烹饪的写作并通过文字保留那些逐渐消失的过往来为自己树碑立传；另一方面，又义无反顾地进行着烹饪实践、致力于新菜品的开发，哪怕明知道这些创造只能作为人们的回忆延存下来。

烹饪是一门有关时间和原始记忆的艺术；一门有关嘴巴、鼻子、肉体的美学；一门有关外在躯干和内在器官、外在材质和内在哲理的形而上学。但它却从来没有受到过“饱学之士们”的喜爱。在这些人看来，烹饪不配享有“美的艺术”的荣誉，也不具有“美的艺术”的优势。它过于庸俗，因为只涉及离智识最远的感觉；过于卑微，因为他只能让人类联想到，无论如何坚持，我们也只不过是一些无法仅靠观点和思考生存下去的动物。烹饪艺术无法在古典美学中立足。古典美学更愿意关注“反思的判断力”（le jugement réfléchissant）和“确定的判断力”（le jugement déterminant）二者的区分。这是可以运用到绘画中的。当然，古典美学还要对绝对精神在美的历史中的具体表现形式提出质疑，并将这种质疑合法化。然而，古典美学却拒绝思考烹饪之类的对象，因为从词源的角度而言，这些对象不够高贵，没有资格作为研究的对象。

味道、触觉、香味和滋味都与美学无关。从哲学角度而言，吉约姆·蒂列尔（Guillaume Tirel），又称塔耶旺（Taillevent）有关美食的论述中也让人联想不到什么有关概念的材料。塔耶旺，烹饪理论家和实践家，与埃克哈特大师[1]（Maître Eckart）、邓斯·司格脱[2]（Duns Scot）、帕多瓦的马西略[3]（Marsile de Padoue）以及奥卡姆的威廉[4]（Guillaume d'Occam）都是同时代人。另外说一句，后面这几位都是大学里的"学术大牛"严肃研究的对象。关于拉瓦朗内（La Varenne）的作品《法兰西菜谱》（*Cusinier françois*）和对皮埃尔·德鲁内（Pierre de Lune）的作品《皇家酒店的完美新大厨》（*Le*

1　Maître Eckart，德国神学家、哲学家和神秘主义者，多明我会成员。

2　Duns Scot（1266—1308），苏格兰方济各会神学家。

3　马西略（Marsilius），又译马西利乌斯。意大利思想家。生于帕多瓦城，曾任该城教长，后在巴黎研读医学与哲学，获硕士学位。1312—1314年任巴黎大学校长。因拥护王权、反对教廷，于1327年被罗马教廷开除教籍，逃往巴伐利亚投靠路易四世王朝，继续反对教皇。其政治思想主要反映在1320—1324年所写的《和平的保卫者》一书中。

4　奥卡姆的威廉（William of Occam，约1285—1349），英国经院哲学家。圣方济各会修士。邓斯·司各脱的学生和后来的论敌。以复兴唯名论著称。认为思想并非对现实的衡量，将哲学与神学截然分开，曾被教皇约翰22世召去以异端邪说问罪。

nouveau et parfait maître d'ôhtel royal）也没有任何哲学分析、思考和著述。他们俩都与笛卡尔和马勒勃朗士[1]是同时代的人。显然后二位在职场更受青睐。柏拉图主义者和那些理想主义的禁欲爱好者对《巴黎家事书》（Le ménagier）、玛西亚洛（Massialot）的《王室与市民料理菜谱》（*Le cuisinier royal et bourgeois*）、马林（Marin）的《科姆斯的礼物》（*Le don de Comus*）、梅侬（Menon）的《市民料理》（*La cuisine bourgeoise*）和《宫廷夜宵》（*Les soupers de la cour*）都不置一词，而这些标志着启蒙思想的作品时至今日仍然只能引起历史学者、人类学者、社会学者的兴趣，却从未引起哲学家的关注。很难想象米歇尔·福柯会去研究类似的史料。

美食学问题既是一个美学问题也是一个哲学问题：烹饪属于美术的范畴，也属于一个时代和一种文明的文化实践范畴。正如一幅绘画、一支奏鸣曲、一座纪念碑、一出戏剧和一栋建筑一样，烹饪也可以作为一个时代的象征。就像古典美学领域有大师也有业余爱好者、有一流的创造者也有二把刀、有发明家也有追随者、有天

1 Nicolas de Malebranche（1638—1711），法国唯心主义哲学家、神学家和天主教教士。主要著作有《追求真理》。

才也有庸才，烹饪界类似的情况也比比皆是。当然，厨师创造的作品是转瞬即逝的，不得不臣服于时间这位暴君之手。它们注定要被摧毁、消失、被吸收、消化、消灭——甚至比这些更坏的情况也不是没有可能。当然，厨师可以在一片混乱中将无形的材料塑造成雅致的形式，赋予它内容、外观和风度，使其充盈着激情并承担起诱发各种情绪的使命。随后，便只能在那些懂得欣赏的人记忆中留下浅浅的痕迹。这种工作显然也会给厨师带来西绪福斯[1]（Sisyphe）式的烦恼：因为作品会不断消失，所以他也只能一遍遍地将它们制作并重新制作，在与时间的赛跑中揭示出世间玄妙的真理——熵。然而，这一短暂的艺术同样具有我们这个时代始终显露出的一个特征，那就是——正在发生。这一特征一直持续到了今天并在摄影或录像等行业多有体现。

厨师是时光的雕刻师，他不得不臣服于光阴大帝（Chronos）之手，每日与死亡和它的各种面目做斗争——所有这些都是对持久主题的变形。厨房里的炉灶、盘碟内食物的理想温度证明厨师就像造物主熟悉神界的

1 Sisyphe，希腊神话中狡猾的柯林斯王。

时机女神（kaïros）一样熟悉恰当的火候：之前或之后、太早或太迟，作品就废了。不是半生不熟就是煮过了头；不是温度不够就是过于烫口，整个上菜过程也就功亏一篑。没有任何艺术家像这样争分夺秒地工作着，就像在进行一场与时钟的赛跑。

这样说来，厨师的确与那些哲学家和官员们不同。那些人以反思为己任，好像思想的看门狗和警察。一方面，他们不喜欢人们花费心思治愈那些在古典派看来最欠高贵的感觉；另一方面，他们只在意那些可以长期保持的痕迹，而不懂得通过味觉的判断尝试那细微感和若有若无感、精细感和微妙感；体会即刻的情绪变化和稍纵即逝的感觉；还有随之而来的肉体的震撼和知觉的细腻体验。烹饪这门艺术既无博物馆、学校，也无正史和传承知识、思想的机构。而这些知识和思想却始终对他们那些只知唯命是从、习惯群居生活的主人忠心耿耿。

美食学相信的是印象。听从自己的身体，保持肉体的良好状态，维持大脑最初的记忆：味道的判断要除去那些戴着文化枷锁、套着社会惯例锁铐的鉴赏更加不易。面对饮食激发的情绪要真诚，要靠自身的努力去摸索，哪怕未必成功。在品评一盘菜或一瓶酒时，首先让鼻子和嘴巴工作，让自己充满感情；然后去解码、理顺，也就是以绘画或音乐初学者完全同样的方式、用自己的亲身感受去实践。因为，我们要做的是让感受喷涌而出。

一只盘子里能发生什么？盘中物是如何表达观点、激发感受、传递信息的？这种引发思考的材料本质如何？烹饪符号帝国的标志为何？首先，作为艺术家的厨师先得是个人，作为人，他必然有自己的个人史，也会经历一段大众的、一般的、集体的历史。这是童年经历、原始感情、非常久远的感觉以及一段独特的感情历程共同作用的结果，同时也是某一特定历史时刻所营造的氛围的产物。它可以追溯、超越、升华、保存过去来服务当下。下厨的人在炉灶旁，用独一无二的方式对一般与个别加以合成并从中提炼出精华的部分。艺术家的本性和各种潜力正存在于这一过程中。他的工作与其他美术工作一样，体现出一种独有的才能、独一无二的、辨识度高的力量：也就是人们所说的风格即人。而风格则是个体存在和历史斗争结果的表达形式。

从形式角度而言，安东尼·卡汉姆的风格是怎样的呢？基本可以这样回答：一种类似于他那个时代建筑的丰碑式风格。有没有什么零散的信息能够表明卡汉姆的人品和性格特征与他的烹饪风格之间的关系呢？是的，还是有的。同样地，如果我们相信存在精神分析学（la psychanalyse existentielles）提出的某些理论，那么存在过程中所经历的一切精神创伤、原始的场景、灵魂的痛苦和伤害总是从最初的一次选择开始的。哎！人究其一生也无法消弭这些挫折，别无他法，作品就成为将肉体所不能承受之重进行升华的一种尝试。每个艺术家的内心深处都有一处缺口，他的全部作品从中汩汩而出：厨师从事的工作主要涉及与童年，或者说生命的子宫时期，最迟是生命存在的头几年相关的一些原始领域。他们的根本使命就是解决这个已经长大了的孩童身体里的问题。从卡汉姆到罗林格（Roellinger）[1]，这种假设屡试不爽。

一切要从1793年说起，对美食学而言那是一个具有决定性的大日子，有些事在这一学科的历史上悄然发生。国王死了，旧的制度消失，恐怖氛围甚嚣尘上，随之而来的是饥荒，填饱肚子成了问题。投机分子发了财，商人利用国难鼓起了腰包。穷人越来越多，悲惨的场面

1 Olivier Roellinger（1955— ），法国大厨。

随处可见。当罗伯斯庇尔（Robespierre）入主国民公会（Comité de salut public）时，通过了一项打击囤积居奇的法案。不久之后，全国所有的物质和精神力量都被充公，由群众统一支配，最后投票通过了一项针对嫌疑人的法律以及其他针对最高限价、投机行为和控制高昂物价的法律。然而，尽管路易十六被砍了头，特权也被消灭了，灾难却并未因此减轻，这真是一个极大的讽刺。人们仍然吃不上饭，现在还加上了平白无故被送上断头台的危险。无论是罗伯斯庇尔还是国王，无人能够幸免。

安东尼·卡汉姆时年十岁。家里有二十五个孩子，已经没法说清谁的年龄排在他之前，谁又排在他之后，也不知道他的确切年龄以及一切与他相关的事情。家里人养不起他，也无法让他在家里继续待下去。他的父亲是巴克街北一个工地的工人。他给儿子准备了一顿告别午餐就把他遗弃在了迈恩城设在城门边的入市税征收处（la barrière du Maine），让他自生自灭。我想象着当年那个迷失在茫茫人群中的孩子，如同误入龙潭虎穴，在勒杜建造的丰碑式的建筑前是如此的绝望。那些作为旧制度财政象征的庞然大物就那样虎视眈眈、充满敌意地瞪着他。

就在法国大革命爆发前不久，应农民税征收部门（la Ferme générale）之邀，尼古拉斯·勒杜为其建造了四十五栋此类建筑，还建造了用来拱卫城市、控制人流和货物往来的围墙。庄严而又宏达的城门象征着旧制度，它的持久、它的存在以及它的强大和威严。被遗弃在那里的安东尼·卡汉姆站在象征财政机构的标志物阴影下，为其父母、也为其时代的不幸付出了代价。王室的终结和革命政府的上台都未战胜这种不幸。然而，幸运之神还是向这个孩子展露出微笑。如果真如其本人后来所说，这个孩子不久被一家小饭铺老板收留，并被安置在了后厨：卡汉姆的整个人生之路[1]从此就这样极具象征性地展开。处境悲惨的父亲打工的工地、悲剧式的永别午餐、被遗弃在庄严建筑附近的孩子和很快被拯救进的厨房，每一次都是在排挤他的石头和疼爱他的饭桌间徘徊。

无论哪一行，天才从来不过是一种拐弯抹角的、惊人

1　见弗雷德雷克·法约所著的《皇家甜点师》第一卷《安东尼·卡汉姆》篇第53页《卡汉姆生平》。另见路易·罗迪乐所著《巴黎的安东尼·卡汉姆》，让娜·拉斐特出版社1980年版。又见柯莱特·吉尔—穆冬所著《十九世纪的厨艺——巴葛蒂尔橘园展》中的《安东尼·卡汉姆传》1984年版第40—43页。又见乔治·伯尼尔所著《欧洲的美食享乐》《安东尼·卡汉姆篇（1783—1833）》，格拉赛出版社1989年版。

的尝试。这种尝试目的是解决冲突、超越痛苦、带着无法抹掉的伤疤和支离破碎的心灵继续生活，带着那从等待拯救的强者人格中反复涌现的痛苦事件继续生活。从行为上看，它表现为将存在一分为二的致命一瞬和原初的危机：在此之前是伊甸园时期的天真浪漫，从此之后则是世界末日来临时的黑暗知识。整个存在就是围绕着这些伤痕构建的。伤痕赋予生命以意志，或者说是在最初场景的长期阴影下生活的勇气，至少是不断再现、重复那些行为的勇气。这些行为诉说着主人的不安，掩饰着主人的伤口。它们将一直不断被重复直到它们的主人腻烦为止。

卡汉姆与那个时代的许多孩子一样，也经历了被遗弃所带来的心灵创伤。在他的身上我们会看到被排挤过的痕迹。在某个灰暗的日子里，突然发现那一直伴随着他的伤痕变得如此令人不快，在这种被强行施加的伤口上产生了强烈的负罪感，而他并不知晓其中的原因。这些极度紧张的时刻激起了深入人骨髓的漩涡，使得灵魂深处沉渣泛起。这些永远处于运动之中的微粒的离奇经历与个体的独特历程遭遇，也激发、触动、解释并感生出了后者。

对性欲的口腔期[1]和肛门期的固恋是理所当然的，甚至可以说是古典的。嘴巴和排泄的快感；双唇和味觉器官、舌头和唾液的享受；吮、喝、尝、呷、吞、吸、咬、嚼、饱腹感、过撑以及填饱肚子后的平静——吃喝使人一下回到孩童时期依靠脐带与母亲维系的最初状态。每个吃货、老饕和美食家的背后，几乎总能发现一个试图抚慰最初的不安和受挫的灵魂的孩子。他们的身体时时处于防御状态，同时又期待着无尽的安慰。

我不知道这里是否能套用某个流派的推理，但我觉得在卡汉姆对建筑和烹饪的双重热爱背后绝不仅仅是单纯的巧合。自从被家人抛弃后，卡汉姆就没再接受过教育。他的知识都是勤奋自学得来的。他经常跑去图书馆并做了大量的读书笔记。他的所有履历中最令人惊奇的是通过自学从文盲到作家直步青云的光辉历程也正是这样一个人独自完成了从阅读到写作再到后来发表了十五部鸿

1 Les terrains de l'oralité：见诺埃勒·夏特莱（Noël Châtelet）一本很棒的书《贴身烹饪》（Le corps-à-corps culinaire，Seuil 出版社 1977 年版）中第 181—184 页的《主要参考书目》和《别样》杂志（la revue Autrement）有关“变动 / 食客”系列的几期；特别是第 138 期《食客》第 224 页、第 108 期《饮食》第 208 页、第 129 期《童年饮食》第 216 页和第 140 期《美食家》第 186 页。详见参考书目。

篇巨制的全过程。如果联想到他因被厨火烧伤和肺结核辞世时享年只有五十岁，那么他身后留下的这十五部作品应该说是相当可观了。

他对书籍的热忱促使他每周两次到国立图书馆的铜版画展室（cabinet des Estampes）去翻阅建筑方面的作品。据他自己承认，这些版画要比单纯的文章和理论书籍更加直接地教给了他许多东西。他最喜欢的作者有：泰尔提奥（Tertio）、帕拉迪奥（Palladio）[1]和维尼奥拉（Vignole）[2]。当时他不太理会那些技术性论述，而是通过阅读游记来加深自己对世界各处建筑文化的了解：就这样，他通过阅读亚历山大·拉波尔德[3]（Alexandre de Laborde）的游记拜访了西班牙；与勒鲁日[4]（Lerouge）

---

1 Andrea Di pietro Palladio（1508—1580），意大利文艺复兴后期名人。最著名作品为维琴察的罗通达别墅。

2 Giacomo Barozzi da Vignola（1507—1573），意大利文艺复兴时期著名的建筑师与建筑理论家。1562年，他发表了名著《五种柱式规范》，成了文艺复兴晚期以及后来古典复兴、折衷主义建筑的古典法式。他的代表性作品有：卡普拉罗拉的法尔尼斯府邸（1550年），罗马教堂尤利乌斯三世别墅（1550—1555年），巴尼亚的朗特别墅与水景园（1566年）等。

3 Alexandre de Laborde（1774—1842），法国政治家和考古学家，著作有《西班牙历史与风物之旅》。

4 Georges-Louis Lerouge（1712—1790），法国18世纪雕刻家、建筑师，路易十五御用工程师。

一道了解了英中式园林（les jardins anglo-chinois）；而克拉夫特[1]（Krafft）则为他提供了所有乡间居所的细节以及它们的传统形式。以至于在阅读了那些充斥在厚厚书卷中的各式建筑观点后，他的趣味从居住形式转向了更加精细的食物形式，转移到了那些可吸收、可消化的材料上。这就是为什么卡汉姆设计的食谱开创了他那个世纪的饮食新标志。在他的食品和甜点建筑设计中总能不时地发现喷泉、土耳其亭阁、荷兰的乡间居所、中国磨房、希腊废墟、一架埃及地球仪，甚至是一艘威尼斯的贡多拉小船。这种装饰性强、气魄宏大、既有传说色彩又兼具人物形象的风格还体现在那些用（考林辛柱）花篮式图案装饰的盘子和用建筑图案装饰的花瓶上。在那些绚丽多彩的盛宴上，他会用到揉好的面包心和大理石做成的沙滩。还有那些后来者无人能用碎玻璃实现的树状风景效果。还有用糖面团和彩色淀粉做成的小人以及用糖和其他材料做成的军人戴的尖顶头盔、面甲和战利品、各种标志、里拉琴和竖琴。所有这些都使得品尝的人们灵魂得到享受。

---

1 Adam Krafft（约 1406—1508/1509），德国雕刻家。

他的笔记里配有各式插图。有时是一处棕榈树盖成的圆亭，有时则是一座巴那斯的大喷泉。安东尼·卡汉姆在笔记里特别强调那些专属于建筑的细节。例如，他的大型塔式蛋糕作品（pièces montées）就极好地体现了他对建筑和体积感的热情。他特别强调了如下细节：优先选用陶立支柱式、爱奥尼亚柱式、科林辛柱式和哥特式风格。在他的《"十六柱大瀑布"（la Grande cascade à seize colonnes）食谱三》中满是用建筑学语言记录的要点：基座、阶梯、柱子、三角楣、拱廊、柱顶盘檐口。此处涉及穹顶、壁龛、塔楼、希腊式十字架、前檐、亭阁；彼处又谈到扶手、拱门和观景台；另外，还有神殿前的柱廊以及柱头和柱座上的边饰。并且，当他指导学生学习厨艺和甜点时，卡汉姆总要在神殿前的柱廊上放置一本《五种柱式规范》（*un traité des cinq ordres*）。在维尼奥拉看来，这是一切真正与口腹之欲有关的科学的必修入门读物。卡汉姆在他的《田园糕点师》（*Le pâtissier pittoresque*）一书中引用了这一说法。另外值得一提的是，这本书里配了一百二十五幅雕版画来解释文字部分的内容。

卡汉姆对建筑的品位并非只是抽象的。实际上，我们相信他对建筑物有着一种不灭的激情。除此之外，他无法想象任何其他学科能与精美的饮食相提并论。或许他知道自己无法设计出可与维奥莱—勒杜克[1]（Viollet-le-Duc）媲美的建筑方案，于是满足于制作一些大型塔式蛋糕来宣泄自己对建筑最低限度的痴狂，这些小小的狂妄自大其实承载着他大大的愿望。然而，事实全非如此。当他不在国立图书馆的铜版画展室也不在烤炉前时，卡汉姆潜心地设计了巴黎和圣彼得堡的美化方案，这些都是用来献给世上那些大人物的——而这些大人物们总会是此类项目唯一可能的出资人，所以必须得讨他们的欢心。

J.N.L. 迪朗（J.N.L.Durand）的《古今建筑物对照集》（*le Recueil et parallèles des édifices anciens et modernes*）对他的影响也不可小视。据他本人承认，这本书被他视为圣经一般的作品。他发表了多部绘本和文字集，其中描述了包括法国首都在内的十几个他所喜爱的城市的美化方案。法国君主制宏大的节日庆典为他提供了外省两个重要纪念碑的设计思路。其中一个坐落在波尔多，另一个则位于加莱地区。还有一次，他向官方提供了计划

1 Viollet-le-Duc（1814—1879），法国建筑师、理论家。

在卡尔赛广场（la place du Carrousel）树起的一根凯旋柱的设计方案。他还热衷于为巴黎设计协和广场上的桥梁和星形广场上的凯旋门。他还觉得自己能成功建造一个新的歌剧院，最后却是加尼叶（Garnier）的设计方案胜出。

他所设计的所有建筑方案都是丰碑式的。每一种理论的实现都将个体置于臣服的地位。卡汉姆的这种设计风格上可追溯到部雷[1]（Boullée）下可延续至施佩尔[2]（Speer），期间还有伊奥凡（Iofan）也是这种风格的秉持者。这种风格的建筑主要强调对宏大历史的展示。人们崇拜这样的历史并为之作出了牺牲。它们中有些是为了庆祝法国大革命的胜利，另外一些则是为纳粹德国歌功颂德，还有的是为苏维埃献礼。尽管这些建筑各有千秋，但他们都有一个公分母，那就是认为个体的单子只有用显微镜才能观察的清楚，也就是说个体是微不足道的。

在他那个时代特定的历史背景下，安东尼·卡汉姆利用一切所能掌握的手段追求这种宏大的丰碑式风格，并

1 Etienne Louis Boullée（1728—1799），法国建筑师。

2 Albert Speer（1905—1981），纳粹建筑师。

认为建筑应符合古希腊的原则，即：特殊性应服从普遍性，只有如此才能得以恒久、升华。他的这些纪念碑落实到纸面上约有六十五米高。每一座纪念碑都会给观者的身体带来震撼，令人印象深刻并激情澎湃。在那一瞬间，民众应该可以马上从中体会到帝国文明的优势与伟大。正是在这样的文明下才能建造出这般与帝国相匹配的大型建筑。这些用来表现宏大形式并借此赞颂观点的设计又体现了厨师怎样的信仰呢？很简单，那就是——君主制、和平、贸易、艺术、工业和繁荣。所有这些都宣扬着市民阶级和资本主义的胜利这样一个主题。

格里莫·德·拉雷尼埃尔[1]（Grimod de La Reynière）、贝尔舒[2]（Berchoux）、布里亚—萨瓦兰和卡汉姆都曾不同程度上嘲笑过这一自由信条：他们怀念旧时的皇宫、盛大的节日以及君主制在欧洲的节节胜利；诋毁法国大革命；强烈声讨革命政府的无能导致了饥情的加重。那个时代人人都推崇拜金主义、贸易往来和新的财富形式。那些新贵成了新的食客，也就成了他们新的金主。法国

1 Grimod de La Reynière（1758—1838），法国著名美食家。

2 Joseph Berchoux（1760—1838），法国诗人，1800年出版《美食学》一书，发明了“美食学”（gastronomie）这个词。

大革命将建立于血缘关系之上的特权基础推翻，而用金光闪闪、崭新出炉的、建立在金钱基础上的特权关系予以取代。只有这种与谦虚谨慎精神背道而驰的丰碑式建筑才能真正与这种厚重而又自大的新种姓制度相称：通过这样的建筑我们能感受到贸易的强大和繁荣。同时，或许没有那么明显但同样确定无疑的是那些自由企业以及勤劳工人的强大；富人和企业家的强大；拥有者和真正决策者的强大。

由于无人赋予他此类建筑方面的项目，安东尼·卡汉姆只好满足于创新一些市民料理，以他的方式用其他的手段来赞颂同样的价值。他曾梦想过那些恒久的形式——石头以及石头带来的确定性，而却不得不满足于易朽的形式——烹饪、甜点以及它们所带来的满足感。为了多少能在建筑界留下一笔，他只能进行各种题材的创作，试图在永恒和空虚之间找到一种暂时的解决方法来安慰自己。不断地积累各类文章、笔记、书籍、小册子、木版或雕版画、油画、论文和教材。其中《十九世纪法国烹饪艺术》(*L'art de la cuisine française au XIXe siècle*)、《巴黎皇家糕点师》(*Le pâtissier royal parisien*)、《法兰西酒店大厨》(*Le maître d'hôtel français*）以及其他许多参考书使后继者在长达一个多世纪的时间里对市民料理花样翻新不穷。

作为一个厨子，能享有如此盛名，他也该知足了！他也很享受那些大人物和同行送给他的“甜点界的建筑师”[1]称号。同样地，他也不错过任何一个提起自己城市规划项目的机会，于是，人们又把他称为“法国甜点界的帕拉迪奥”。我们会发现在他的甜点师生涯中，大量引用那个时代的建筑学理念，这对他的甜点设计产生了潜移默化的影响。但作品呈现出的风格有时会让人很容易辨别作者自学成才的经历，因为他只是止步于模仿，而少了归纳、反思与创新。

例如，他的一幅有关半环形瀑布甜点的木版画让人奇怪地联想到协和广场一座由建筑师德图奈尔（Detournelle）设计的纪念碑和画家卡拉夫（Caraffe）在共和四年全国大赛中的一幅作品。还有一回，我们盯着那页题为“伟大的中国陈列馆”（Grand

---

1 安东尼·卡汉姆所著《十九世纪的法国烹饪艺术》（五卷本），1847年“联合印刷行会”出版。又见1980年再版的拉斐特所著《皇家甜点师》（两卷本）。另见达尼埃尔·拉布罗所著《十九世纪厨艺》一书第40—43页《卡汉姆或建筑师公民》一文。见上述引文。又见J.-C.博内所著《安东尼·卡汉姆和装饰性烹饪最后的火种》。

cabinet chinois）食谱中的雕版插图时，禁不住联想到卡尚（Cassan）建在巴黎附近的小镇里勒—亚当（L'Isle-Adam）的一处中式陈列馆，那是为弗拉戈纳尔（Fragonard）[1]的一个朋友——来自格兰古尔（Grancourt）的金融家皮埃尔—雅克·伯格莱（Pierre Jacques Bergeret）而建的一处建筑。实际上，建筑师和厨师为同样的社会事务操劳：大财团的地锅鸡很快将取代了热月党人的大龙虾，至少是摄政时期的酱汁小牛腿肉……

市民阶级一旦掌权，有时也会闹点儿小革命，改变一下看待事物和思考问题的方式。如果说卡汉姆以纪念碑为模型、以建筑学为参照，使烹饪的形式变得更加神圣，那么他同样也是真正的烹饪内容改革的发起者。通过这一改革，烹饪艺术经历了一次认识论意义上的决裂。旧有的烹饪体制完全强调香气和嗅觉。中世纪的菜肴总是通过烟熏和蒸汽的手段讨好人们的鼻孔。那缭绕而起的蒸汽中充斥着各种浓重的香料、佐料和糖的气味。各种混合的酸味虽是压制了口感，却能使人垂涎欲滴。那

1 Jean Honoré Fragonard（1732—1806），法国画家。

时的烹饪完全是跟鼻子和嗅觉相关的行业。也正因如此，烹饪的历史呈现出与人类历史和智人的产生过程相近的一面。所谓的智人就是从四肢着地、嗅觉发达、视觉极弱的状态进化到双足直立、上肢解放、大脑得以开发的过程，而与此同时人类的记忆力、智商和与之相关的视觉也相应得到了极大地进步。从此，人类与具象的世界拉开了距离、不再像动物那样依靠嗅觉感受现实，而是作为人用眼睛观察现实。观念、概念及其他头脑思考的产物也由此诞生。

当然，在卡汉姆指挥的这场烹饪革命[1]中，建筑要素正标志着眼睛、视觉和视野的优势；标志着人类对形状、体积、空间结构和三维空间内存在的一切材料的重视。在他之前，菜品的呈现形式和形状从来不是人们关注的问

1 见《十九世纪的烹饪艺术》一书中菲利普·希曼撰写的《变动的烹饪——卡汉姆和老式烹饪》。见上述引文第63页及以下各页。又见劳伦斯·巴尔杜里写的《1840年左右一位美食家的素写》，出处同上。又见拉鲁斯出版社1953年出版的克农斯基的《法国烹饪与美酒》。又见让—弗朗索瓦·热维勒著述的《话语的盛宴》简装本。又见让—路易·弗朗德汗编著的《铂金编年史》，Odile Jacob 出版社出版。又见让—保罗·阿龙撰写的《十九世纪食客》，Denoël Gonthier 出版。又见马玛格洛娜·图桑—撒玛和马蒂亚斯·莱尔合著的《古今厨师故事集》，Robert Laffont 出版社 1989 年出版。

题：人们通常把鱼肉堆积成山，布瓦洛[1]（Boileau）在他的《可笑的一餐》（*Le repas ridicule*）中讽刺的就是这种现象。同样地，在伟大世纪[2]的法国，整个烹饪的准备过程也是一团混乱：拉瓦莱纳（La Varenne）用各种香草、柠檬皮和橙皮焖羊肉，整道菜还要盖满香芹和鲜花；他对黄油和炒成焦黄色的面粉调制成的佐料（roux）情有独钟；喜欢用钉子固定火腿，也喜欢往肉汤里加糖。到了启蒙时期，拉夏贝尔（La Chapelle）则用藏红花、咖喱、辣椒和其他从印度和葡萄牙带回的各种香料进行烹饪。他们都强调用香味讨好鼻子，却并不理会眼睛的感受。

卡汉姆想要以另外的方式刺激感官：弱化嗅觉，简化口感，强调视觉的享受。为此，他去掉了生姜、芫荽、桂皮等谋杀味觉的香料。同样，他也非常谨慎地使用百里香、月桂、肉豆蔻、丁香花和胡椒等佐料，即便用也是适可而止的。在食材的搭配上，他尽量用塞进生肉馅和熟肉馅的海鲜代替整块的鱼和肉。他的原则是：清淡的主菜 + 清淡的配菜。还要说的是，他对以前的调味汁也颇有微词。他认为有些调味汁太稀、不够黏稠，他更

---

1 Nicolas Boileau Despreaux（1636—1711），法国作家、诗人。

2 指 17 世纪。

喜欢有厚度的调味酱，这样就好像为主菜加了一层包装。这一点明显受到建筑学砌面和覆盖物的影响，说到底还是强调视觉效果。

卡汉姆不仅在意菜“色”、菜“形”、菜“性”和菜“料”，他也同样注重通过菜品的设计体现个人的风格，甚至还简化了几道上菜步骤。他用恰到好处的上菜数量代替了之前庞杂无序的上菜方式。从而通过恰当的比例在视觉上达到平衡、和谐、优雅的效果。他是否还想过利用黄金比例或是古代的几何学或数学原理计算出完美的上菜数量？是否还想过将那些表情达意的符号和高度概括的算术、计算或立体几何语言也纳入考虑的范围？我们完全有理由这样相信，而且他还不止一次地用到了这些符号。

这又使我们联想到希腊建筑。因为希腊建筑总是不断地让人联想到“宇宙的秩序和美”。那些八角形或四边形、带有垂花饰的盘子被搁置起来，取而代之的是圆形和椭圆形；去掉了桌上不断累积的碟盘，转而根据用餐的人数提供相应数量的餐具。安东尼·卡汉姆的整体桌面布置就好比是普拉克西特里斯[1]（Praxitèle）雕塑的一

---

1 Praxitèle（前390—前330），希腊雕刻家。

个人体、米利都的希波达莫斯[1]（Hippodamos de Millet）构筑的一座城池；维特鲁威（Vitruve）设计的一栋建筑：它可以表达、象征并让人感受到那个只有在传说中才想象或见到过的世界、造物主构建宇宙的理念和思维形式。简而言之，就是造物主的风格。食物从被厨房里的炉灶烧制到随后端上桌供人享用的过程好比是从某个概念的构思、纸面设计到空间具体形式的呈现过程；又好比是一段音乐一经作曲家创造出来就会甩掉作曲家独自纵横驰骋。为了更好地表达这个世界，卡汉姆发起了一场分类学的革命，而这一点与他的个人执念也是分不开的。

实际上，卡汉姆主张废除那些偏离食物实际的可笑称呼。例如，木质假腿汤（le potage à la jambe de bois）这个名字他就很不喜欢。这个名字的来历倒不是因为要在汤里加什么假腿，而是这种汤的做法是要放入牛腱和牛骨，这会使人联想到那些独腿人安装的人工假肢。同样地，他也希望人们不要再用牛裤衩（la culotte de boeuf）这种叫法称呼某种食物，试想一头如此着装的牛也真是够惊悚。他对粪便学也没啥好感，所以对“小牛

1 Hippodamos de Millet（前498—前408），古希腊最著名的城市规划者。

肉滚驴屎蛋”（le veau roulé en crottes d'âne）、“花心大萝卜腚”（les culs d'artichauts）和“冰糖嬷嬷屁”（les pets-de-nonne glacé）（实际是油煎白菜）之类的俗称统统判了死刑。为了不让人将烹饪和鞋匠行业联系到一起，他还废除了“孔蒂野鸡鞋底”（la semelle de faisan à la Conti）和冰糖靴跟炒牛排（les filets de boeuf sautés en talons de botte glacé）之类的菜名。

作为十分较真儿的语言学家，安东尼·卡汉姆早就预言了费尔迪南·德·索绪尔（Ferdinand de Saussure）的结论，他早就发现了能指和所指之间的关系。他知道某个名字能够引发相关的某种感受，反之亦然。名称起得不够谨慎就会使事物丢失原有的品质，使之失去应有的价值。而一个具有诗意的优雅菜名则是最好的开胃良品。在卡汉姆看来，那些形式上无法令人接受或者不够迷人的菜名都是可笑的。这就是“卡汉姆”大厨觉得：屁、屎、腚、裤衩、鞋底、鞋跟和假腿之类的菜名实在令人难以下口，至少会坏了我们中大部分人胃口的原因。在这一点上，卡汉姆也并不是要自诩为起名专家，而是想要只通过一个意群来介绍实际情况。把视觉的呈现放在首位，这就是在用建筑师的眼光发现事物。而视觉效果会先入为主的给美食家的味觉带来或好或坏的感受。

这样一来，从内容到形式，从数量到质料，安东尼·卡汉姆构建了一个宇宙般的烹饪世界并展示了烹饪革命的一切可能：香料、佐料和植物香料的使用关系到食品的口感是否“给力”；“食材的搭配组合”则规定了哪些性质、滋味和口感的食材可以混搭，哪些则不宜同食；对于“食材”，可以通过不同的火候使之呈现出独有的软硬、浓稠程度；“形式”则可在设计、数量、摆盘或食物的呈现上大做文章；利用“分类学”就可以赋予菜品一个或简练、或诗意、或具有美学价值或拥有教学功能的名字。通过所有这些记载，卡汉姆表达了自己的意志和风格：谨慎的力度；明智的搭配；多样的食材、富含象征的形式和朴实的分类。所有这些都是以新古典建筑视觉效应作为参照系的。

这种烹饪风格与市民阶级及其价值观同生共死，一直持续到1968年5月。从那时起，埃斯科菲（Escoffier）的徒子徒孙们终于对此开始厌倦并毅然投身于新烹饪革命的浪潮。可以说市民料理是卡汉姆的发明，它是对法国大革命失败的一种庆祝。至少热月革命最火的时候人们很难想象大革命之后的世界会变成那么一番样子。被让—保罗·阿龙[1]（Jean-Paul Aron）称为“十九世纪食客”的那些商人、金融家、银行家、业主、小店铺主把美食一词带进了谈判桌上和工作餐中，他们“猴子学人样”地模仿当年那些宫里的食客，在模仿中体会乐趣直到暴饮暴食的程度。他们强调的是食物的数量，这也造就了不少的暴食者、贪食的人、狼吞虎咽的人和消化不良的人：先来上一打牡蛎、喝上一盆汤；接着吞下大盘的鱼、肉、蔬菜、家禽；还有数量惊人的黄油、脂肪、奶油和堆积成山的甜点；整个过程都有美酒相伴，凡是能想到的花样无一不有。消化不良成了一种荣耀，中风也是市民阶级不介意炫耀的“富贵病”。

由安东尼·卡汉姆开创的市民料理恰好能反映萨特（Jean-Paul Sartre）所谓的、具有现象学特征的营养行为，那就是“抽象化的堵上空洞”：饥饿是一种必须满足的需求；而食物和烹饪则是用来填补这种缺憾的方式。食欲产生了一种空洞、一个空白，它是空荡荡的肚子和荒凉的胃部发出的一种呼求，无论来点儿什么都好，只要能填住这个血盆大口。作为典型的市民阶级代表，伟

1　Jean-Paul Aron（1925—1988），法国作家、哲学家、记者。代表作为1984年出版的《现代人》（*Les Modernes*）。

大的萨特总是把欲望视为诅咒。他对待性欲和食欲的态度就像千千万万的市民一样，视它们为没有灵魂和任何乐趣的、兽性的发泄和满足。《存在与虚无》(*L'être et le néant*) 的字里行间都是对这种思想的发展，是从哲学家的角度评判饮食实践问题。[1] 萨特惯常所吃都是熟肉食品、油腻的菜、砂锅、佐餐红酒之类的典型市民料理，他的饮食风格和对待饮食问题的态度也都是市民阶级的。从这一点来说，他是侯布雄（Robuchon）、萨沃伊（Savoy）、赛德伦斯（Senderens）、罗林格（Roellinger）和其他几家同类餐厅顾客的理想人选。不知道这些餐厅的客人在用神经系统之外的部位吞咽食物时是否知道他们那处于守势的身体已经使他们成了一名萨特主义分子？真是难说啊……

这种满足业余食客填饱肚子的料理风格在卡汉姆、乌尔班·杜布瓦（Urbain Dubois）、阿道夫·杜格莱烈（Adolphe Dugléré）、儒勒·古菲（Jules Gouffé）、约瑟夫·法夫尔（Joseph Favre），还有奥古斯特·埃斯

1 关于这个主题，详见作者的另一本著作《哲学家的肚子》(*Ventre des philosophes*) 中"萨特，或水生甲壳动物的复仇"(Sartre ou la vengeance du crustacé) 一章。Grasset 出版社简装本，第 181—200 页。

科菲（Auguste Escoffier）或爱德华·尼永（Edouard Nignon）等的学徒们身上体现得十分明显。他们所有人的老师，也就是人称“美食王子”的美食评论家克农斯基（Curnonsky）（原名莫里斯·萨扬 Maurice Saillant）写过一本非常精彩又极具代表性的著作《法国美酒与烹饪》（Cuisine et vins de France）。其中食谱的文字和插图部分充分展示了市民料理是如何操作的。尽管这位“美食王子”说过一句十分经典的名言：“烹饪就是保持食物原来的味道”，但只要读上一读他的上述作品就会发现事实压根儿不是那么回事儿，恰恰相反，那些戴着虚伪面具，自称美食爱好者的市民阶级喜欢的偏偏是乔装改扮过的食物，繁复而又铺张的场面、骗人眼球的外表、讨人喜欢的样子，他们痴迷于那些因呈现角度不同变得更加好看的食物，尤其赞成牺牲食物的内在而成全其外观，牺牲内容成全形式，牺牲灵魂成全名声。

为了努力表现得更加诚恳、诚实，克农斯基建议“将从生肉店或熟食店买来的肉块浸泡在醋渍汁（marinade）里来获得野味的口感”——瞧瞧！还有啥能比这更好地满足了人们吃不到野猪肉就拿家猪充数的心理。而伪装的手段是如此拙劣，以至于不得不像普雷韦尔[1]（Prévert）那样列出一串长长的备货清单：葡萄酒、马德拉高度葡萄酒、鼠尾草、罗勒、大蒜、刺柏酒、丁香花、黑胡椒、盐，有时还得来点干邑、植物油、植物香料、各式佐料以及其他各种想得到的香草。这就是炼金术士将拉封丹寓言中的狗变成狼、乌鸫变斑鸠[2]，表象变真理的配方。

除此之外，克农斯基非常熟悉这些把戏，他所谓的"倾城佳人荷包蛋"（Oeufs pochés belle Hélène）其实不过是用"厚厚的莫尔奈（Mornay）蛋黄酱""伪装过的鸡蛋"（原文如此），再用吃野生香栗长成的猪和油炸来乔装打扮一番。当我们将克农斯基有关真实味道的论述和下述辣根泡白斑狗鱼（Brochet au raifort）的做法联系到一起时，不禁会莞尔一笑。这道菜的具体做法如下；将用辣根泡过的白斑狗鱼放入干邑、百里香、月桂、鼠尾草混合而成的调味汁中，然后再用葡萄酒煮，接着放到炉上炖，最后浇上一道盛在辣根做成的壳（原文如此）里的玫瑰色黄油汁。这道法式萨米烩白斑狗鱼哪里还有

1　Jacques Prévert（1900—1977），法国诗人。

2　法国有句谚语：没有斑鸠吃乌鸫，比喻没有好的，只好退而求其次（Faute de grives，on mange des merle.）。

河鱼的味道？同样，一道用香葱、分葱、香芹、葡萄酒、辣根酱和醋、蒜、番茄酱焗过的蹄髈也吃不出原来的味道了。其他的也是一样：将食物掩盖、隐藏、胡做一气、去除原本的口感和味道、伪装一番后谋杀掉它原本的样子，再用大量的操作、工序、配料和加工彻底将它扼杀。

市民料理的目的就是用外在转化内在，用全能的、诱人的卖相毁掉食物灵魂精髓所在。这就是下面的操作大获成功的原因："烧净细毛"（flambages）就是用酒包裹并浸透食物，使其渍进酒的味道；"浇调味汁"（nappages）就是用奶油、酱汁、黄油或其他"涂层"（enrobages）做成奶油白色调味汁和炒蘑菇酱去掉或掩盖住食物原来的味道；而"上光"（lustrages）则是将食物禁闭在肉冻里；"起拱"（pochages）就是给鸡蛋或小母鸡充气达到伪装的效果；"塞肉馅"（farcissage）就是人为地让食物膨胀，制造虚假的体积感；"浇汁"（arrosages）就是在肥腻、多油、黏稠的食物表面淋上用黑黄油酱或其他什么荷兰酱。克农斯基追求的特殊材质是为了让食物或美食达到以下效果：难消化、厚重、油腻却能够给人带来安全感，填漏补缺的材质。这些材质可以把市民阶层养得膘肥体壮、十分满足。

我们是否还要举一个跟烹饪艺术，即：食物加工无关，却与做熟的菜肴呈现方式——上菜有关的例子呢？是否能从一份典型的菜单中得知时下人们所崇尚的形而上学、宇宙观和世界观呢？那些市民阶级提供的诸如“不要让肠胃负担过重”的建议是不是真的有说服力呢？美食王子选择的菜单又是否能让喜欢绷着一番面孔的莫里斯·德·翁比奥（Maurice des Ombiaux）也满意呢？为了该书作者着想，我要为大家推荐一道夏日晚餐的菜单。是的，是夏日晚餐，而不是为冬日傍晚——享用板栗、野味、勃艮第葡萄酒和恢复体力的各式酒精饮料的季节准备的一餐饭。我也不谈婚丧嫁娶时准备的菜单，其实二者没什么两样。英式圣诞大餐、法式年夜饭和通常的工作午餐，还有复活节、领圣体时准备的吃食，以及像狩猎、乡下周末、官方招待会、国庆节等场合吃的东西也统统不谈。我们只谈夏日晚餐。

艾美夫人肉汤（Le Potage Dame Edmée）是体现主人热情好客的最佳之选。这从汤里所放鸡肉、青豆、黄油、糖，噢，对了！还有鸡蛋、奶油和香草的份额就可见一斑。然后是加斯科涅煮鸡蛋（Oeufs cuits à la gasconne）：主料是十六只鸡蛋，没错，的确是整整十六只！鸡蛋里加入黄油、植物油、西红柿和茄子。把这些都挂上面糊入油锅炸，再用抹了黄油的火腿摆盘。接下来呢？接下来是塞肉白鲑（Féra farcie）。为了保持鱼肉原有的鲜美——正如我们的“克克”（克农斯基的昵称）所说，还要加入碎面包屑、牛奶、香草、奶油，还得用上鸡蛋，当然还有黄油，白葡萄酒和鱼露——参照制作肉汁调味剂的食谱——再摆上十二对螯虾作为装饰，别忘了配以贝尔西酱（la sauce Bercy）腌制的千层饼和调味汁——要做好上述两道菜，可千万要备足鸡蛋。我们继续往下说，下一道菜是：查尔斯·蒙瑟雷小母鸡（Poularde à la Charles Monselet）。就是准备两只母鸡、还是需要黄油、植物油、蘑菇、洋葱、西红柿、奶油和醋渍小黄瓜。胃里还不是很有分量？那好！我们就再来道泰勒（鸭）鹅肝（Foie d’oie Tell）。主料是两块200到600克左右的（鸭）鹅肝，配上黄油炸过的苹果和黄油煎过的、裹着面包屑的面包脆，还有干邑和马德拉高度葡萄酒。最后，我们直奔夏日晚餐的尾声——一道小小的花园色拉。用料有土豆、里卡尔茴香酒（Ricard），没错！是要加里卡尔茴香酒，还有大米、坚果、蛋黄酱、香草，当然少许生菜也是必不可少的。最后，用一道鲜奶油夹心烤蛋白（vacherin）作为甜点来结束这顿美妙的晚餐。这道甜点还有个专门的叫法——“女士们的私房菜”(Plat des Dames)。具体做法如下：意大利蛋白小点心（Meringue），还有就是可可粉、约一公斤三种口味的冰淇淋、香特莉惯奶油（la crème Chantilly)、果汁煮过的鲜桃和覆盆子酒。最后，如果愿意的话还可以再来点咖啡和小酒。前提是我们还能吃得下。这份菜单特别注明清淡是它的诱人之处，是专门为那些想要保持轻灵身材的食客准备的。他们可以毫无负担地离开餐桌并始终保持精神清爽，而不像翁比奥（Ombiaux）形容的那样，“一群吃饱了就犯困的野兽，迫不及待地回窝倒头就睡，在床上舒舒服服地消化吃下的东西”。在我看来，恐怕本着这种精神如法炮制的一份为猎人准备的菜单只能有过之而无不及。乡间漫步后或庆祝 7 月 14 日国庆节的菜单也好不到哪儿去……

由此可见，市民料理可用的食材是非常丰盛的。在布迪厄（Pierre Bourdieu）[1]给出的社会批评意见中提到了烹饪的几种极端：口味极重、极肥腻、极咸、营养过

---

1 Pierre Bourdieu（1930—　），法国社会学家。

剩、过于丰盛、太过刺激。这是只有在负能量文化占据主导，尚未解决温饱问题的社会才会产生的大众烹饪风格，但绝谈不上符合美食学的标准。这种料理风格根本不在意什么口感和味道、精致的快感和品尝的乐趣、智识的启迪和头脑风暴。同样地，市民阶级的食客先入为主地将饮食问题坚决排斥于美学问题之外。他们认为烹饪并不属于美的艺术的范畴，无论如何也无法与艺术界搭上关系。

时至今日，那些反对将烹饪归于艺术之列的人们仍秉持着同样的观点。那些学究们的偏执简直达到了顶点，他们大呼小叫地宣扬：文化绝不能喜剧化。要是胆敢打破他们洋洋自得、全力维护的文化小圈子，那简直就是思想的堕落。他们有责任竭力抵御外来文化的入侵。在他们看来，根本不存在什么厨艺大师，厨艺也根本算不得一门美的艺术，在欧忒耳佩（Euterpe）[1] 和忒尔普斯克尔（Terpsychore）之间也绝不会有第十位掌管美食的缪斯卡丝特洛苏菲（Gastrosophie）忝列仙班，也不存在像艺术批评之类的美食批评，像这样难登大雅之堂的人类

1　Euterpe，希腊宗教中九位缪斯女神之一，专司悲剧和音乐。

活动是无法调动起任何概念或哲学研究积极性的。

然而自最近一次亨利・高勒（Henri Gault）和克里斯蒂安・米罗（Christian Millau）领导的新概念烹饪革命以来，烹饪毫无疑问已经进入了美学领域。从索尔・勒维特（Sol Le Witt）的极简主义到约瑟夫・科瑟斯（Joseph Kosuth）的概念装置都在这场烹饪革命中得以体现。另外，那些否定厨师的作用和艺术职能的人恰恰也是对毕加索以来的整个当代艺术一竿子打死的同一批人这一点也就不足为怪了。他们喜欢并以市民阶级的品位为傲，因为这其中体现的价值观可以让他们团结一致且活得更加安心。这些价值观是什么呢？无非是让人更有安全感的对数量和富足的简单追求。这样的价值观只强调自我表达，却抹杀了社会区分原则。

1973年10月，卡汉姆的思想在高勒和米罗的猛击下死去了。这两位以简洁的笔触和极具方法论的论述发表了“新派烹饪”[1]宣言。也宣告了“帕斯卡琳娜小肥羊”

---

1 见亨利・高勒和克里斯蒂安・米罗合著的《法式新派烹饪万岁》，《高勒米罗美食指南》1973年10月第54期。又见《新派烹饪及它的95场胜利》，出处同上，1976年3月第83期。还有《我们是法式烹饪的掘墓人吗?》，出处同上，1979年6月第122期。还可以参见乔治・吉亚菲力撰写的《关于新式烹饪的几点遐思》，出处同上，1981年12月第152期。

（Pascaline d’agneau）的末日。这道菜的主料如下：绵羊羊头，晒干、去骨、洗净；羊脑、羊舌、羊肝用油脂炸过；肉馅若干、羊脚六对；将备好的羊头内塞进馅料；发酵过的羊胸腺一打，佐以各种菌类调制而成的酱料，最后还要摆上几朵鸡冠作为装饰。上述所有这些内容集于一盘，再配上“画龙点睛”的“伟大的西班牙酱”（la Grande Sauce espagnole）。当然这也宣告了“伟大的西班牙酱”的末日。有关这道酱汁的食谱整整写满了四页纸，要花两天的功夫准备，还必须安排几个人每隔一刻钟轮流查看酱汁的状态。酱汁的配料包括：火腿、小牛臀尖肉、臀尖下方的肉、近一整块劲道的臀部肉、小母鸡数只、野鸡、多种香草和菌类、取少量隔夜菜冻，第二天早上加以勾芡、中午撇去表面的浮油，留待晚上备用。这也是新古典主义和奥斯曼建筑风格时代的结束。再也没有维欧勒·勒·杜克（Viollet-le-Duc）外立面、脂肪构建的城堡、热猪油浇成的废墟和摆放在银色托盘上的野鸡标本肉冻。那丰碑式的、厚重而又给人安全感的烹饪风格一去不返。这是旧世界的尾声。一个崭新的时代已经来临。

新派烹饪辩证地解决了“中世纪强调嗅觉”和“市民

料理强调视觉”的二元对立，并建立了一种与时俱进的现代口感。这种新的烹饪理论是一场真正的认识论上的决裂。它对我们时下的烹饪具有重要的指导作用。如若不能借鉴这一时期的理论，今天的烹饪就妄称新派烹饪。从这一刻起，所有的感觉都被运用到美食的鉴赏中，任何感觉都不会遭到轻视，至少是不会被忽略：为了呈现更好的视觉效果，菜肴的品相更加美观，更加体现了极简主义的时代精神；人们通过提炼新的精油、煎剂和配料得到更加珍贵的香气，从而提升菜品的嗅觉效果；而从触觉来说，菜品的质料更加多样，整个烹饪过程也使质料变得更加轻灵、细腻、而有劲道；从听觉感受而言，因为选择了更加清淡的食材，咀嚼食物时发出的响声更加悦耳、清脆而又富于变化；最后，从味觉感受而言，人们能够体验各种新的味道，这些味道更加复杂、精致、细腻，也是思想和智慧的一场盛宴，为大脑提供了一种概念化的养料，使用餐的人身心舒畅。

如果说安东尼·卡汉姆以纪念碑和建筑物作为灵感的来源，那些信奉新派烹饪的厨师则抓住了属于他们的时代精神，也就是极简主义的表达方式、概念化和智能化的表意符号。而人们对这场烹饪革命的争论正源于此并围绕这一点展开。问题主要在于人们并未认识到它的启示性、美学意义乃至形而上学的意义，而只把它简单地视为各种反动的玩笑。人们从中只看到了一些商业、广告和媒体方面的操作而忘记了其中所蕴含的丰富的时代意义以及其下的暗流涌动。

20 世纪 60 年代我们曾经历了一场以清淡化和瘦身为目标的量的革命：1968 年五月风暴以来，不再有那么多的权威、仲裁、限制、老旧的价值观和美德；不再有那么多的人物和心理描写、巴洛克式的情节和描述；不再有那么多的小说家神圣的、救世的干预。以里卡尔杜（Ricardou）为代表的新小说派（Nouveau Roman）作者反对将作者的语言和意志强加给小说。里卡尔杜还于 1973 年提出了新的有关小说情节的理论；以约翰·凯奇[1]（John Cage）为代表的音乐家大力提倡极简主义音乐，他们呼吁尽量减少阿拉伯式的装饰音及其他修饰，减少音符、半音符以及复杂晦涩的变奏。他们中有些甚至将整段音乐极致地做成一部无声作品；人们更少地屈从于商业社会、绘画传统和各种风险较小、保险系数较

1 John Cage（1912—1992），美国作曲家。

高的艺术风格。艺术家们开始敢于尝试各种夸张而简单的造型、形式感极强的几何抽象艺术、概念以及观者和作品之间建立的现象学关系；追求最少的形式、客体、材料和感觉，精简数量、以质求胜：形式就是内容。新派烹饪正是体现了这种“以少求多”的意愿。它还反映了当时对权威人物的批判潮流：戴高乐、莫里亚克(Mauriac)、斯特拉文斯基[1]（Stravinski)、毕加索，这些当然都是伟大的老前辈，但是他们老了，他们的时代已经过去。科恩—邦迪[2]（Cohn-Bendit)、潘热[3]（Pinget)、拉·蒙特·扬（La Monte Young）和理查德·塞拉[4]（Richard Serra）的时代势不可挡地来到了。

烹饪界也经历了同样地示威和反抗：卡汉姆、埃斯科菲、克农斯基的时代渐行渐远，贺柏林（Haeberlin)、博古斯（Bocuse)、高勒和米罗的时代适时出现；“帕斯卡琳娜小肥羊”配“伟大的西班牙酱汁”的吃法不再时兴，“贝隆牡蛎杂烩配醋渍小黄瓜”(Ragoût de belons

1 Stravinski（1882—1971），俄裔美籍作曲家。

2 Daniel Cohn-Bendit（1945— ），法国出生的德国政治家，活跃在德法两国和欧洲绿党里。1968 年法国五月风暴的学生领袖。

3 Robert Pinget（1919—1997），法国先锋派作者。

4 Richard Serra（1939— ），是美国的极简主义雕塑家和录影家。

aux concombres)、“红萝卜配肥鹅（鸭）肝+萝卜烧龙虾”(Foie gras chaud aux radis, navarin de homard)和“茶煮家禽肉片”(Escalope de volaille au thé)大获全胜。埃斯科菲成了这场“弑父”运动的替罪羊。他曾写下的“一切创新都是对原初完美的败坏”这句话授人以柄。首先，这句话忽视了事物的辩证属性，是一种历史终结主义和历史虚无主义；其次，认为世界是完美的并且是自为完美的这种想法本身就是可笑的。埃斯科菲的菜谱因酱汁过多、热量过高、油腻和不易消化而饱受诟病。第一阶层终被埋葬——聚餐和盛宴的时代结束了。

新派烹饪重拾被旧权威所排挤的创新精神，誓要驱散那些手握权棒的指挥者曾经带来的阴影。在各种烹饪和美食风格中，他们选择了极简主义：最少的烧煮时间：人们只把鱼烧到骨头呈现粉色，也可像肥鹅（鸭）肝那样直接生吃；最短的贮存时间：避免造成系统回冷和因技术因素破坏材质性质，例如，给野味加辛辣调料延长贮存时间等；给出最少的建议：菜单上可选的菜式被大幅删减，以最大程度地保证所选食物的新鲜和质量。有时为了让顾客更好地了解食材的品质，甚至在生产商或市场采购环节就让顾客参与直接挑选食材；最简单的摆盘方式：餐具要朴实，有设计感，强调色彩和形状的搭配，尽量减少人工痕迹，保证食材原来的味道和价值；最后，在营养搭配方面，要将食物的热量严格控制在最低水平，清淡、易消化，更加重要的是：要培养起节俭和节制的美德。

新派烹饪除了对这种骨感美的追求之外，还加入了如何将形式诗意化的思考，有时甚至将这种思想发展到极致；在高科技的厨房里人们可以轻松地通过那些现代化的设备使生活变得更加简单；具有导向性的烹饪参照标准对香料和炊具的使用都提出了指导意见，例如，有时只要利用干蒸汽和水分就可完成许多操作；最后，这一流派的厨师热衷创新菜式，敢于贴近食材：小牛胸腺配海胆奶油、肥鹅（鸭）肝配牡蛎、小鸭配鲜梨、挪威海螯虾配鲜橙和小山鹑配无花果都是他们开发的新菜式。烹饪达到了日本人所说的“悟”(satori) 的境界，一种可以让思想火花四溅并关注生物最细微存在的禅的境界。上桌的菜肴已经成为极简主义和概念主义的艺术品：它们呈现出一种风格、一种气质和一种时代特征。

盘中物最能反映一个时代的能力、一种文化的变迁和文明演化、升华的方式。它们时而体现在让·丁格力[1]的作品里，时而又体现在吉拉尔达（Girardet）的佳肴中，还有时会出现在吕克·法拉利（Luc Ferrari）的一段音乐或杜布菲（Dubuffet）的一件雕塑中。无论它们的形式还是材质都极富感染力。在迄今为止的二十多年里，新派烹饪为它所处的时代提供了一团必不可少的星云、一种全新的语法和句法、各种革命性的范式并由此创造了更加大胆的语言和极端的形式结构类型。这些都使得烹饪界气象焕然一新，同时也宣告了崭新的烹饪时代的到来。时下的料理正是在此基础上展开。如果没有这种令人欢欣的味觉上的启示，它将变得一无是处。烹饪已经不再仅仅是填饱市民肚子的一项工作，它完全发展成为一门美学，一种体验味觉享受的前提和一次享乐的时机。一顿形式和食材完美结合的美餐实属难得，我们又何苦意气用事，白白错过一次令人愉悦的体验呢！

---

1 Jean Tinguely，雕塑家，他作品中的偶发性和将作品视做过程的观念，对后来的艺术家有着深刻的影响。

第七章

「天使之享」庆典——悼圣帕特里克[1]

献给吕西安·杰法尼翁

1 圣帕特里克（Saint Patrick，又译圣博德，约385—461），爱尔兰主保圣人，天主教圣人，出生在威尔士，少年时被绑架到爱尔兰成为奴隶，后来逃走。他冒着生命危险回到爱尔兰传播天主教，成为爱尔兰主教，后成为圣人。

人都是要死的，但人又无法接受这个想法。因此，美酒佳肴就成了游荡在各种文化间的蜃楼幻影。那些让人长生不老的魔幻植物、神圣饮料、天赐食粮都是人类的伟大发明。它们数量繁多，尽管在实践中从未奏效，却都出卖了人类的心事，表达了人类在死亡这一无情的必然面前所怀有的恐惧。既然终归要死，那有哪些吸收进血液的能量能防止淋巴液某天突然凝固？又有哪些液体能聚集足够的体力、生命力和魄力使得必死之人的血得以永远流淌？一碗孟婆汤足以用它的方式让我们忘掉一切，也足以让一切逃避死神塔纳托斯裁决的尝试归于失败。

植物在阳光下弯曲、伸展、因成熟而弯折，它们就是一座取之不竭的想象力和象征符号的宝库。从利用根茎吸取土壤中的养分和地狱里的黑暗力量到向着天空和光明怒放，植物既是对积极融入尘世的表达，也体现了对宇宙苍穹的向往，它们之中蕴藏着深入九地之下和高入九霄之上的双重力量。而介入两者之间的植物被土、空气和水所滋养，它还是火的媒介。为此，人类只需榨其汁液、赋其神力、许下诺言，一来二去这些具有魔力的液体就成了玄而又玄的饮料。[1]

汁液是生命潜力的载体。精囊则是引导亡灵通向阴间的工具。精囊中充盈着构成它的各种元素的精魂而它本身也是其中的一员。精液是一种白色或透明的血液，其中承载着各种精华的本原。这也是炼金术师认为植物和矿物同样富有价值的原因。他们认为植物中的能量可以破解点石成金的秘密：如何获得长生不老的仙丹？用何种方法能够将生命中富藏的内容置于一个神奇的小瓶之内？

植物的神秘性只能通过泛神论哲学，至少是生命主义哲学加以解释。当宇宙万物被视为一座有序的建筑

---

1 上述引文见M.图桑—撒玛：《种子酒的历史》第157页及以下各页。阿莱克斯·利时：《葡萄酒和蒸馏酒百科全书》第20—23页，《蒸馏酒和蒸馏的历史》，Robert Laffont出版社出版。《技术史》，Pléiade，Gallimard出版社出版。加斯东·巴士拉：《火的精神分析》，Idées Gallimard出版社出版。米尔恰·伊利亚德：《铁匠与炼金术士》，口袋本。

时，它的各个部分就表现为整体的某一概要的片段。正因如此，许多哲学家注视一片叶子、一朵鲜花或一株小草的形状时仿佛感受到了一种至高的建筑力量，这也就不足为怪了。因此，植物可以被看做是对“被动的自然”的一种调整，对“生活的愿望”的一种具体再现。它是“权利意志”这一命题的“植物化变形”，也体现了“气”的运通这一创造力的效果。或者可以把它解读为“爱神厄罗斯”拥有的各种力量存在的证明。

在这样的观点范畴内，在象征性的结合和纯真的思想共存的神奇土地上，一位16世纪的那不勒斯多题材作家提出了一门令人震惊的科学——植物疗法，可惜这门科学今天已被人们遗忘。植物疗法的基本要义是植物具有疗效，自然界的一切毒素都有其解药，本能驱使动物掌握了这门拯救生命的学问。在前辈作家的作品中不难找到对这一观点的佐证。吉安—巴蒂斯塔·德拉·波尔塔[1]在他所编纂的小册子里也提到过某些植物能够使水结冰，另一些植物能让狮子昏昏欲睡，还有一些植物则能用来扑灭火灾。有时，植物能让整个池塘干涸见底；还有的

1 Giovanni Battista Della Porta（1535—1615），文艺复兴时期欧洲学者。

时候，植物能让人狂笑不止。公鹿懂得如何用某种草药治愈猎人留下的箭伤。燕子知道如何用白屈菜治好小燕的眼疾。乌龟则有办法用香薄荷治疗蛇咬伤的伤口。这类证明植物多种药学功效的例子还有很多。

此外，德拉·波尔塔还提出了“以形补形”的观点。例如，若一株植物在它的茎、花、叶或其他任何外形部分显露出一种明显的形状——如：牙齿、手指、眼睛、心脏、头发等等——那么当这部分器官衰退时，该植物就会对它具有特殊的疗效。《植物图鉴》就是要尽力根据植物的形状将其分类，从而使得人们根据植物的形状判断它们的相应疗效。德拉·波尔塔关心的是今天专家们所谓的场域、群落生境，也就是水文、气候、光照环境，植物的受风情况以及其他决定植物价值和功效的细节。当今的葡萄酒工艺学在葡萄的种植方面肯定了这些直觉的合理性。

与“植物图鉴”类似的还有布朗·赛加尔[1]提出的“脏器制剂疗法”。根据这一疗法，经常补充植物的汁液可以让人恢复体力。然而这两门学问在欧洲科学界都未

---

1 Brown-Séquard（1817—1894），法国生物学家、神经病学家、内分泌学和神经生理学的先驱，脊髓生理学创始人之一。

能长期立足并取得明显的发展。尽管如此，这些看似幼稚的科学从认识论的角度而言却起到了决定性的作用，因为，它们表明了人类从未完全战胜那些根深蒂固的思维范式和行为准则。保罗·费耶阿本德[1]提出的原则强有力地证明了这一点，我本人完全信服他下面这句话：“无论一种观点多么古老、多么抽象，它都能促进我们知识的进步”。我们可以进一步认为植物图鉴学和脏器制剂疗法一定已被某些研究者所证实。哪怕这些研究者在默默无闻地、低调地进行着此类研究，他们也一定无法否认印第安土著原始部落的这些知识对我们今天寻找对抗艾滋病之类的大范围流行病的药方有着重要的参考价值。

植物曾经为与灵魂和肉体相关的药典学和救世神学提供了一片荒草丛生的想象之地，如今它仍提供着这样的素材。从这片想象之地中有时会出现一些美丽的直觉，有时也会美梦成真。在这之中，被称为“生命之水”的烧酒已经通过名字说明了它是如何通过水与火的交融满足了人类的各种幻想和希冀。

长久以来，火都被视为一种神奇之物。自混沌初开之

---

1 Paul Feyerabend（1924—1994），奥地利哲学家。

时，铁匠和炼金术士这些创造者就能制造出武器和盔甲，使得人类具有了类似于众神的特殊力量。控制火焰、熔烧矿石、然后在炽热的炭火上冶铸成形，大量生产金属并发明合金，利用火的力量赋予金属物以灵魂曾在很长一段时期内被视为必死的人类脱离尘世，位列仙班的一种证明。

水与火的结合诞生了酒精，一种特殊的液体合金。例如，在凯尔特人的神话中，吉欧布尼乌[1]这位爱尔兰人的伏尔甘[2]既是打造武器的铁匠同时还是众神的搅拌机，负责为他们酿酒并且只有他才会酿造蜂蜜水。酒精和火的这种亲缘性早在史前时代就进入了人类的意识。那时的人类民智未开，但已经懂得进行神圣的分工。能量和力量体现在利剑上和生命之水中、体现在锋利的剑锋上和灼烧胸膛的生命之水中。极少量的纯酒精就能带来最大程度的潜力和力量。而产生这种魔力的正是蒸馏技术：浓缩、萃取、得到基本成分，在液体的核心部分寻找其精华及强身健体的功效。

锅炉底下火已燃起，从蒸馏器中涌出的馏出液像滚

1 Goibhniu，铸造和工艺之神。

2 Vulcain，罗马的火与锻冶之神。

烫的泪水滴入曲颈瓶里。如蛇形蜿蜒的螺旋管好似一道虚假的迷宫让液体耐着性子缓缓而下实现了酒精的冷却。在这道火的杰作的最后，我们会得到经火炙烤过后的水和一股被升腾的大火升华后的流体。从阿拉伯人和炼金术士开始使用蒸馏器起，它的形状从未发生改变。各类容器也是如此。这些容器只能承受铜这一种金属，也只能进行锻造这一项铜的处理方式。例如，葡萄酒加热器就是如此。否则，酒就没法喝，没有人知道这其中的道理。

在这些器具尚未用来蒸馏酒精之前，它们大多时间都用来提炼香精，这也是生命之水最精华的部分，其全部价值就在于提供一场嗅觉的盛宴。鼻子被刺激去感受那些可以带来满足感的因子。这些正在逐渐消失的满足感需要一代代传承下去。而记忆则可以刺激并唤起这些满足感。蒸馏的目的是质量上的浓缩和稀释。在一种粗糙的、稠厚的液体中，像炼金术士一般的酿酒者寻找、追逼并发现其中的本质。柏拉图所谓的精华部分，是一种从材料深处和核心部分提炼出的纯粹的、轻盈的形式。那些与原子摆动和分子振动同样久远的香精、香料提取物中蕴藏着带来不幸的，至少是神奇的魔力：它们施加了延长生命、躲避死亡、增强能量、维持火力的力量。生命之水将力量囚禁于液体的领地并通过这些力量来表达生命。

各成分的蒸发、整体的分解和某些类型的分析原则自亚里士多德起已为人所知。亚里士多德通过测试海水的脱盐条件准确描述了上述原则的细节并阐述了各有机组成部分，即：同质结构的属性。一方面是水晶，另一方面则是水。一方面是宝石、树状矿物；另一方面则是液体及其波动。蒸馏之后，综合力量消失，取而代之的是一种新的可能性和其他潜力。从辩证角度而言，海水是一种先天不可分解，而后天能够还原为各个部分的混合物。经过特殊处理，利用技术和智力，我们可以从中获取两种成分，二者的结合构成了一种超验的形式。它们中的任何一个都会被激化并呈现以下特质：一种开出含碘的花朵的粉末、一种摆脱了钠成分的软水。通过这种独特的操作、这种人工的萃取，人类战胜了自然——有些人会说是上帝——的造物。

酒精的蒸馏类似于盐的蒸发。最初，是阿拉伯人首先掌握了这种用来分离的炼金术。他们解构的第一种物体是锑。人们借用提升合成金属硬度的方法获得试金石的基本品质。它呈现为混有某种液体赋形剂的黑色粉末，用来进行蒸馏从而表现出这些本质。经过操作，蒸汽凝结、固化呈现出一种暗色的粉末，也就是眉墨（le khôl）。女人们借助这种基本的残渣来修饰眼睛。Al-khôl 一词很快就用来表示通过炼金术操作获得的物质。这个词后来的命运就不难想象了。关于蒸馏的最初书面记录要归功于阿尔诺·德·维尔那夫（Arnaud de Villeneuve）。他是一位医生、炼金术士、他那一行的先知、全才。在 13 世纪中叶写出了《葡萄酒之书》(*Liber de vinis*)。书中可以发现大量有关葡萄酒及其神奇功效、蒸馏酒及其威力、饮料及其神秘力量的信息。他所提到的蒸馏器证明，希腊人已经懂得如何利用工具了：蒸馏釜、蒸馏器罩、鹅颈管、让人联想到植物和动物特殊结构的蛇形管、圆肚烧杯和具有蛇状环面的一道道环圈、完美无瑕的挥发管和用来凝结蒸汽的建筑装饰。维尔那夫发明了这一方法，吕尔[1]将其细化，而作为圣人的帕特里克则首先将蒸馏器引进到西方，尤其是引进到欧洲，至少现存的史料是如此记载的。

---

1 Raymond Lulle（1232—1315），术士。

实际上，自公元432年起，改宗者返回爱尔兰将奥拉萨尔[1]（Ollathair）、茉莉安[2]（Morrighan）等众神推下神坛，用耶稣基督和众圣徒取而代之。根据传统，改宗者会在行装里放上从他们布道归来的埃及带来的一整套蒸馏装备。看来正是利用这套从东方带回的工具，人们成功地提取了一种粮食的汁液并取名为“生命之水”[3]（uisge betha），这个词在苏格兰语里的意思就是被祝福的水。还有证据显示在做弥撒时，人们还会将这种工具集聚起来制造一种天主教色彩很淡，甚至可以说有点异教徒色彩的饮品。

人们誓要捍卫这种能够给人带来愉悦心情的“生命之水”。当英国国王亨利二世于1170年攻占爱尔兰时，他让自己的士兵去平定今天所谓的“灾区”。一些粗野的军人被安顿在一座修道院里。修道院根据圣帕特里克遗留下的方式蒸馏酒精，于是这些军人就体验到了这种饮料。这种夹杂有迷幻词源的命名传统使得这些全副武装的武夫感到好像背上生出了双翅——已经成为异教徒的天

---

1 凯尔特众神之王。

2 凯尔特神话中的战争和死亡之神。

3 苏格兰盖立语。

使——并且如此重新装备一番后，他们便能像标枪一样飞速冲杀——标枪一词在英文中就是“whisk”。圣帕特里克就这样发明了后世被命名为威士忌的蒸馏酒……

如果我们相信神话传说，粮食烧酒最早是指大量由蒸馏酒做成的饮品：干邑、法国阿马尼亚克烈酒、苹果酒、朗姆酒、杜松子酒、伏特加酒和墨西哥龙舌兰酒，它们分别是用葡萄、苹果、甘蔗、土豆和龙舌兰以及一切可能想到的植物果实和根部酿成的。人们曾长期、大规模地用这些酒来歌颂酒神巴克斯[1]（Bacchus）。巴克斯看到人类为了向他致敬想出了如此多的花样想必不会再迁怒于他们了吧。

无论哪片土地上的朝圣者们都会经常引用“生命之水”，有时甚至有些过度。通往孔波斯特拉（Compostelle）或是某处麦加城的长路漫漫。酒不醉人人自醉。升天之路和幸福的承诺充满了不确定性。基督徒，甚至那些几乎称不上基督徒的旅者在美食佳肴、声色犬马、湖光山色、琼液仙浆和肉欲充斥的伊甸园里开怀畅饮葡萄美酒的精华部分或者说是火热的灵魂、被烈火之水——也被说成是黄金之水或永恒之水的精萃。如此一来，人们在等

1 罗马神话中的酒神和植物神。

待永恒之生命和天使的祝福的同时往往需要生命之水来引渡自己，而这原本在神学教义或者教会的教导中是不被允许的。只能饮用洗礼时用的净水……

为了让那些愚民不要对葡萄酒索求无度，而是乐于见到他们等待牧师拯救他们腐朽、疲惫的灵魂，那些对节制津津乐道的人有时会沉迷于一些奇怪的预防法。那些理想的苦行圣徒们经常会对当下的科学成瘾，也会追求流浪历险和近卫队的生活。没有什么是确定无疑的，为了镇压邪恶的意识形态，就要获得官员、文人或科学权威及思想领袖的支持。江湖郎中的信誓旦旦、迪亚法留斯[1]（Diafoirus）之徒的权威意见在通往真理的道路上总能畅行无阻。如今，他们又以营养师、专家权威的面目出现，依仗所谓的建立在统计学模型上的准则，用占卜和预言的口吻宣扬经常从麻醉剂中获得快感的罪恶。而波德莱尔式的对灵感的祈求则源于葡萄酒和印度大麻。它们通过如下的咒语进行回应：乌有和鹰嘴豆。

身兼牧师和医生双重身份的营养师及他们的先辈建议要想活得久就要将享乐减少到零。他们就是秉持着这样

---

1 莫里哀喜剧《无病呻吟》中的药剂师。

奇怪的原则。这些原则尽管花样翻新却都围绕着同一个主题：从某种程度而言，趁为时不晚，在活着时就要死去。死去之前就成白骨，活着仿似行尸走肉。所以就要不吃不喝，或者说只吃很少的一点，只满足生存的必需。还要把美食所带来的一切乐趣与原罪联系起来，至少是把它们与满足口腹之愉的罪恶感联系起来。

不计其数的像《死亡艺术》(*artes moriendi*)之类的书曾在文艺复兴时期遍地开花。它们都提倡节制饮食、清心寡欲、将生命视为一种病，而节欲是唯一的药方。这也是所有这类必备读物的关键词。而这些苍白的理论的典型思想家也都喜欢用它作为作品的题目，这些思想家包括：路易吉·科尔纳罗[1]于1558年发表的书的副标题为《长寿的艺术》(*Conseils pour vivre longtemps*)。尼采曾提到并嘲笑过这个威尼斯人，说他在纵欲四十年后居然皈依到节制的队伍之列。还真是世事无常啊！

我们都知道那些令人扫兴的人[2]的故事。神医蒂索

---

1 Luigi Cornaro（1464—1566），威尼斯贵族。

2 见路易吉·科尔纳罗：《论节制》(1558)，Jérôme Millon出版社于1991年由乔治德·维嘉利洛负责出版。又见皮埃尔·艾美·莱尔1800年在巴黎出版的《论长期滥用精神类利口酒造成的人体自燃》。

(Tissot)随后解释了出于何种原因，手淫——这道可怜人的美餐会损害健康。如果仔细研究会发现这还会使人耳朵变长、面部变形、两眼无神、肚子空空，当然，对下腹的腐蚀那是一定的。所有这些都是为了通过节省生命力从而获得长寿：想要活得久就要珍惜自己。要理性地吃喝：人们用牙齿自掘坟墓。少之又少地生活，隐忍换来的是永生。为了让自己的话更有说服力，科尔纳罗活到百岁高龄才撒手人寰！其实他大可不必如此虔诚。

尼采通过科尔纳罗主义的例子指出了这种观点的倒错之处：我们自认为可以选择自己的饮食制度，而实际上却是饮食制度在挑选我们。因为人体无法逃避让其胃口寡淡抑或胃口大开的必然需要。之所以说这种观点是倒错的，还在于：这种营养学神话让我们忘记了节制的饮食制度并不遵从实用主义的智慧或是那些牧师提出的理论中所包含的意识形态的法则。尽管有各种美德加以修饰，科尔纳德所谓的节制基本对健康和长寿、决定的自由、感受的活力、记忆和灵魂的强大不起什么作用。它只是缓和了激情，最大的好处也无非是作为一种“万灵药”“它磨钝了欲念，并且熄灭了欲念之火”。大家想想！这不就是些外行人的胡话嘛……

对肉体、身体、欲望和愉悦、快感和激情、大快朵颐和一醉方休的痛恨占据着这个星球上四面八方的一大群医生的心理。作为他们中的一员，皮埃尔·艾美·莱尔（Pierre Aimé Lair）曾写过一篇精美的、令人叹服的具有严肃的科学态度和迂腐的认识论观点的文章。文中充斥着对其皇家医学院同行以及分布于全欧洲各埃斯科拉庇俄斯[1]教派兄弟们研究成果的旁征博引。文章的题目是：《论人体自燃》。文章的论点：饮酒不要过量，否则的话您可能会被酒精煮熟。因为酒精有时会发生自燃。这并非是劝人戒酒的隐喻说法。不！而是确有其事！人体会着火，身后只留下一小堆灰烬和几根碳化了的骨头。我们事后可不要说没被提醒过……

事实摆的非常详细：有时是在哥本哈根、有时是在艾克斯—普罗旺斯，还有时是在维罗纳或卡昂——经验主义的故乡——在英国伊普斯维奇的圣克莱芒或在凯尔特人的迪南。莱尔发现到处都有一大批鲜活的案例并不为此感到惊奇：为什么人类不会突然着火呢，既然类似的现象在矿物界非常普遍，例如：瓦斯。在植物界也是如此，

1 Esculape，罗马的医神。

例如：粪肥或潮湿的稻草都会发霉，随后燃烧起来？正如大地深处、地球腹部的霉臭味和腐败分解的植物一样，那些酗酒的人也成了腐臭的泥土和有毒的气体。

所有的受害者都是那些深居简出的妇女。她们比男人人数更多，也更加软弱。人人都知道出于何种原因，这些妇女更愿意泡在酒缸里，而那些浸透她们的材料也会使她们变成一堆灰烬。上至女伯爵下至少妇鱼贩，从清纯少女到老妪酒鬼，这些女士们都喝了不少酒，每个碳化的尸体都背有一个长期酗酒的罪名，这从另一方面也说明了习以为常的罪恶最终都会受到惩罚。爆炸干脆利索。有时是由熏天酒气导致的，有时又源于宿醉后的呕吐。无论哪种情况，都需要一种助燃物：烟袋或是小暖炉、壁炉或是蜡烛。因此，一位又爱喝酒又爱抽烟的老泼妇，冻得瑟瑟缩缩，她披上一件披肩，待在壁炉附近，穿着软底拖鞋的双脚担在煤箱上是非常危险的。有时情况更加严重，有些人失去了理智甚至从衣服到裤子整个都掉到了酒里——例如，布莱士·帕斯卡[1]（Blaise Pascal），如果我们相信佩里耶（Périer）[2]所说——人们

1 Blaise Pascal（1623—1662），法国数学家、物理学家、哲学家、散文家。

2 玛格丽特·佩里耶：《关于帕斯卡先生生活的回忆》。

本想着这个酒鬼会耍耍威风，结果等来的却是一团火球。

讨论完这些放火狂之后，还要聊聊那些人类燃料的命运。法学家们得出的结论也是如此并记录了不少同样的结论：几件礼物或燃烧后的身体末肢会得以存留。莱尔说过一些烧剩的手指关节甚至颅骨，两条腿加三根趾骨，一具有点发黑的骷髅，当然，整个这些都坐在一把扶手椅里，还有一点皮肤或内脏，有时还有少许肌肉。实际上这些是火焰最难烧掉的部分，因为这些部分没有接触过酒精。

如果说这些都是意外，那么有一次，某人急中生智浇了一大桶水到烧着的女人身上，他发现自己原本想要熄灭火焰的单纯愿望反而使其烧得更猛烈了。原因是那些嗜酒如命的人都有一个懒惰的喉咙，他们日常嗜酒无度并未意识到有些佐料已经将他们的身体变成潜在的爆竹和很成问题的焰火了。一旦这些物质加以混合，例如，生命之水或葡萄酒、胡椒或辣椒、烟袋或雪茄，或是所有这些混到一起，那么在某次晚会上，我们就等着看花炮齐放吧！

在那些习惯了辛辣之物的酗酒者体中，香料中漂浮的部分固定、沉积下来。这些物质不会腐烂，给肌肉做上标记并使之成为爆炸材料。摄入酒精就是转化成酒精，也就是说，一旦条件合适就有爆炸的可能。这种对现实简短的解读、这种关于液体的理论，这些希腊克拉底的态度得出了实体论的和泛灵论的结论，促使卫生工作者、营养师、医生和科学家们与政治权威半推半就地密切合作开拓了一番意识形态领域的疆土。

身体是一个蒸馏器，一个将酒精分子蒸馏、转化为潜在爆炸物的机器。肉体就是这些危险物质的储藏室。火将那些犯下原罪的人罚入地狱。比起见效缓慢的洗礼用的纯净之水，他们更热衷于“生命之水”及其带来的效果。蒸馏酒在酗酒者身上引起的不适却能缓和生存的痛苦，那些存在的苦痛是神圣的救赎所不能缓解的。医学领域也受到了神学的影响：火伺机以待那些犯下贪杯之罪的人，因为他们释放了自身的动物性，以一种危险的方式刺激着自己的灵魂，从而站到了酒神的一边。

“生命之水”是一种充满生命力的饮料，一种见效快、效果实的绝妙物质。这也是“生命之水”比其他酒类更受诟病的原因：它能使人变得更加勤快、灵活、迅速，引导人们通往空气和灵魂舞蹈之境。葡萄酒所表达的精神类似于苍穹。葡萄酒翻倒在桌面，染湿了桌布的纹理，又在手背上漫延开来。它无需火力和热量即可燃烧，它消失于无形、融化于空气，与其合为一体并扶摇直上，在那里它重新与精粹中的精粹、灵魂中的灵魂聚首。蒸发作为一种神奇的现象总能证明“天”的存在，因为“天”正是人们设想的一处满是酒蒸汽的空间。在天空的深处居住着天使残留的部分。

酒神狄奥尼索斯及其信徒在蒸馏酒中加入一种具有超强的、奴性的、被压迫的添加物，以使我们的文明能更好地适应它。天使之享[1]这一小型现象学会告诉我们在呼吸的酒蒸汽升天之处我们会听到怎样的天籁之音。它又是如何激发了六翼天使、大天使、二品天使以及其他清澈天空住客的灵魂。因为那些侧耳倾听在夜晚的宇宙中翩翩起舞的星球之声，正如寻觅、采撷果实之人也会听到作为天使吗哪的蘑菇的响声。这种蘑菇叫做“黑霉菌”(Torula compniacensis)，产自干邑附近的夏朗特地区(Charentes)。就好像这片碎石遍布地区的腹地一种白色

---

1 见罗伯特·德拉曼的《干邑的历史》，Stock出版社1935年版。尼古拉·菲特的《干邑》，Flammarion出版社1987年版。《波尔多发烧友》特辑《干邑之回归》(该章中的一部分内容以“天使的呼吸”为题在此杂志发表)。安娜—玛丽·罗耶：《个人笔记及档案》。

石头上生出的煤烟色的啜泣。对酒精对人类意志的这种奇怪的报复，干邑地区的人用“天使之享”这一表达来描述。在人类寻找通天的道路上，再也没有什么比得上这种用苍穹作比的抱怨。

在那些被夏朗特酒浇灌之处，和遍产干邑白兰地的土地上，人们把“生命之水”混酿前在橡木桶里因成熟而挥发的部分称作“天使之享”。它属于酒精在某一特定的液体发酵环境下挥发的化学反应。这种能量的运动发生在酒桶内干邑烧酒和橡木外的空气之间。我从中发现了一种辩证法、一种在水、酒精中的火和空气以及酒窖里的泥土之间往复的恒久游戏。这四种元素以一种特殊的方式互相依赖，每一种元素的变化都会导致另一种元素的变动。如此一来，“生命之水”的个性和脾气就在这些橡木桶内部和外部的张力之间形成。通过橡木桶、木桶板、甚至是木头的材质，化成蒸汽的酒精筹划着如何逃离这座木桶构成的监狱。在储存着陈年佳酿的酒窖内，空气新鲜、湿度恒定、墙面由厚厚的碎石铺成，入口通常较小以便空气流通，又能防止阳光进入。地面是夯实的土面。但大自然在这里施展着神奇的魔力，因为人类是无法注意到酒精的工作过程的。湿度和空气的共同作用决定着酒桶内盛物的活动。同时，酒中的精华也是神秘的，因为其中的各种因素只用它们的语言，彼此之间进行交流。这种交流超越了人类和人类的设计。

例如，当地面潮湿，充满水分时，含水层在地狱之神的外衣之下流动。酒库里的空气吸饱了水而变得凝重，而它对木桶内盛物的作用则十分特殊：先是酒精的挥发，酒窖空间内吸满了酒蒸汽，而“生命之水”在橡木的深处变得更加圆润、柔顺。与之相反的是，当泥土变得干燥，干邑的湿度就会被激发，如此一来，酒力就被保留下来而液体则获得一份强力。这些游戏体现的是一种平衡的艺术：既不过于圆润，也不关于干燥；既不太诱人或上头，也不太味涩、唐突，“生命之水”应发现自身的和谐，自我丰富、更加复杂。经过各种香气的组合给出夏朗特陈年变位的甜烧酒（rancio），这种芳香标志着安放木桶的木板和檀木香、陈年波尔图葡萄酒和坚果、榛子和风信子、水仙和梨子，或者可可仁之间最美的结合。那些主管这一组合的呈现与命运的人也懂得从杯中的香气辨认出酒的窖藏地。有些人甚至能详细地说出干邑产自酒窖中的哪一部分和哪一桶。

“天使之享”是干邑酿造的条件，它通过“舍”而

“得”，通过付出获得收益：蒸发的部分赋予存余的部分一种无与伦比的品质。在酒窖里，它熏香了空气并将日常的天空变为令人沉醉的、富有花香和果香的酒气。各样的芳香在空气中舞蹈、撩拨着我们的嗅觉使之醺醺然，解放了我们的思想、铸造着我们的灵魂。混有浸染了夏朗特气息的泥土味、成排成行陈列着的橡木桶的感觉，此处有沉重的河流缓缓而过，彼处又有利穆赞（Limousin）或彤塞（Tronçais）的森林。这种“天使之享”的低调的色彩如千军万马涌入肉体也涌入了记忆。

所到之处它无不嵌进自己的身影，对它们施加影响并对它们进行精心加工。“天使之享”以一种甜蜜而柔和的方式留下自己的足迹，正如滑过肌肤的一滴汗珠，流过脸颊的一道泪水——又或是伤口涌出的血色那样清晰可辨。风是它的呼吸。有时它便随大街小巷间的穿堂风儿一起穿行于墙面之上、土板之下，那是被空气雕刻过的一种形状，它作为一种神秘的地理学，以平面的形式被记录到通往天界之旅的地图和罗盘地图上。那些烟灰色和煤炭色的痕迹都出自黑霉菌（Le torula compniacensis）之手，这是一种靠酒蒸汽滋养，而且仅靠酒蒸汽滋养的菌类。它只生长在那些整桶整桶的陈年

"生命之水"蒸馏和搁置之处。它们溜进建筑的缝隙，吹过正面墙壁的尖脊，穿越夏朗特各式复杂的建筑之下，染黑了每一样触碰过的东西，将精神的升华和它们朝向苍穹的过程物化。但它又有何独特之处？

被天使分享的令人沉醉的蒸汽只能通向会飞的创造物。难道它是人类用来吸引众神的食粮吗？还是小精灵们激发神性所需呢？它们是用来塑造诺斯替教派的瓦朗坦（Valentin le gnostique）[1]所说的原始的力量吗？它是否滋养了将荣耀归于灵魂的巴拉克莱的灵光（le Paraclet）？既然里尔克（Rilke）的天使是"绽放中神性的花粉"（le pollen de la divinité épanouie en fleurs），是否可以设想二品天使留给我们的那部分恰恰是回归到植物中的精华呢？自阿雷奥帕古斯的丢尼修（Denys l'Aréopagite）起的新的天使品级规定了天使界的版图，酒精蒸汽的分享是否与天使、大天使或权天使（Principautés）相匹配呢？是否与力天使、主天使或能天使呢？是否与座天使、二品天使或六翼天使相配呢？是与它们都相匹配还是只与它们中的一些相匹配呢？他

1　公元 2 世纪异端创始人，埃及生人，167 年殁，是诺斯替教派中一派的首领。

们之中没人曾证明自己是否从这些献给自己的气味中获得过乐趣，这些气味从蒸馏用的酒窖深处飘荡而出。关于这个话题，天使学界保持沉默……

当然，“天使之享”中满载着“甜蜜的气味”。在雅克·德·沃拉吉尼（Jacques de Voragine）的《金色传奇》（*La légende dorée*）中，每当涉及怀着健康气息的完美死亡时，这种“甜蜜的气味”就会散发出香气。基督教的圣徒传记总是记录着这个或那个逝者在经历了像主基督耶稣那样完全献身的一生后，肉体会散发出沁人心脾的香味。玫瑰和木樨草、百合、乳香、橙花、紫罗兰、茉莉花、鸢尾花和桂皮都曾为约翰、热尔韦（Gervais）、纳泽尔（Nazaire）、安布罗斯[1]、特雷萨（Thérèse）和其他几位圣人带上了光环。他们都曾崇尚《哥林多后书》中用来刻画那位来自拿撒勒的男人身体的“好闻的气味”。

在干邑的香气中可以发现几种不同的香型，包括：无花果、榅树、李子或杏、椴树、葡萄花、石竹和香草，甚至还有安息香的气味。酒窖里混合的气味就像圣人安

---

1 Ambroise（约340—397），米兰主教。

息后，天空中被光线分解后的彩虹的颜色，丰富慑人。“天使之享”的氤氲成了嗅觉的一架天梯，借此天梯，酒窖中的泥土升入天使所在的天界。

因为自上古以来，与众神之间的交易就是以香味的形式进行的：燔祭的牲品中，人们用充满了芳香的烟气将祭品送达天界的众神那里。再将烧过骨头和脂肪后剩下的部分保留下来。失去的部分化成祭品，随之又称为人类之间享受的条件：众神和天使们满足于香气，而人类则可以大快朵颐。

因此，“天使之享”喂养了这些“灵魂的小鸟”，正如里尔克所说，这一负责程度就像它们的食物一般：坐落在天庭中，它们自己是纯洁的精神。毫无疑问，酒精蒸汽令它们没有器官的身体变得愉快，结果是，它们可以永远保持自己纯粹的形式。这也证实了酒精饮料和教权、酒精和精神、酒神狄奥尼索斯之血与阿波罗的建造之间的亲缘关系。

这些蒸发过程是如何作用于天使身体的，如果可以这么说的话？它们会醉吗？它们会在天空踉踉跄跄吗？有谁见过它们之中的某个，像诺亚一样，发现了自己的生殖器，最终展示了原始的长着翅膀的男性生殖器形象吗？我替神学家们和天使学决疑论爱好者们做出以下假设：在我看来，“天使之享”很有可能是《埃诺书》(le Livre d'Hénoch）在故事中告诉我们的那些长着翅膀的生物衰落的真正原因。更准确地说，为什么有些天使某天会选择放弃它们至福的处境而尝试自由意志、体验自由并品尝一种独特的决心带来的乐趣？如果不是因为来自夏朗特的气味先是扰乱了它们的灵魂，随后又是扰乱了它们的肉体，那又会是出于何种原因呢？

因此，天使之享灌醉了那些吮吸着它的香气的、长着翅膀的生物，这也滋生了天使们与必死之人交配的欲望，从而导致了它们的堕落。我们总要回到这个话题，酒精是通往生殖之路，它将酒神狄奥尼索斯从通常由阿波罗掌权之地释放出来，它刺激欲望，邀请那些未加矫饰的自然之至福者尽情享乐。它赋予灵魂以肉体，赋予精神以物质。如果不是这样又何来天使极端自由主义的欲望呢？那促使天使反叛的神秘的意图又如何解释？因为，想要一个必死者的肌肤，渴望他的躯干和肉体，征服他的意志，陷入爱河，从某种程度而言，本不应发生在天使的灵魂中，只是因为醉人的蒸汽迷惑了思维的秩序，使其消失在享乐主义的胆大妄为之下。可以设想，这些突然之间拥有了性别的生物拍打着翅膀，被弃置于美好的肉体凡胎中，忽然之间知道了愉悦的痛苦和肉体的震颤。颤抖的羽毛、扑打的尾翼和昏厥的大天使，只有欲望本身才是这场没完没了的关于天使之性的争吵的答案。

从这些畸形的交配中诞生了扭转大地、吞下生物的巨人。天使们本应知道这一点。在《埃诺书》中，正如在《创世记》里一样，要想捍卫果实，首先要从智慧之树上采摘下来。而这智慧之树，我们知道，从高度来看类似于松树，从叶子的形状来看又像是角豆树，而从果实来看又像是成串的葡萄。品尝智慧之果即是原罪。但除了园艺方面的考虑，所犯的错误主要在于对知识的向往，对欲望的渴求，以及对自身活动自由的尝试。既然他们选择犯下原罪，比起服从更钟情于智慧，他们也就在决心的内部埋下了沉醉的种子。酒醉便成了行动的前提。毫无疑问，这都要归于“天使之享”的威力和影响。酒精饮料的使用产生了精神而精神只有当学会反抗和自由、自主地在我决定时才能真正称得上是精神。

魔鬼撒旦是个酒鬼。至少是“天使之享”的获益者。作为大天使兵团的首脑，某种程度上可以说是老板们的顶头上司，某天，他决定不再服从，要去犯错。正如伊壁鸠鲁的原子服从建筑学的必要反叛一样。他驶离了正轨，而这次偏航产生了一个世界。有意识的误读（le clinamen）是真实的秩序，而且始终有一种对经过之路的意志将其合法化。没有疼痛，世界就不会有任何滋味，也就失去了一半的理智。这至少是那些崇尚神见论的乐观主义者的论点。而此处的疼痛正如所有的疼痛那样，是对理智、自由以及对抗黑暗信念、服从和非理性的自决权的需要。魔王路西法这个词（Lucifer）从词源学上来说是指光明的携带者。撒旦是酒神狄奥尼索斯的亲戚。他给人类带来了激昂、将人们从奴役中解放出来：比起毫无起伏、寡淡安全的伊甸园，他更喜欢自由，哪怕自由会导致世界末日。这也是知识带来的不幸。

因此，“天使之享”是一剂挑起胆量的兴奋剂，早在世界的深处、世界的雏形和玄妙之境中即以形成。它是自由意志在观念的天空、在神秘的众神所在的九霄之上的谱系学。出于何种原因，关于天使学的观点争论离开了哲学界的视线？然而，当我们想到无实体的天使（但我们却说是脱离肉体的灵魂的快感）从美丽的必死者肉体获得的灵感，它们与一些坠入人间的天使在遗传理智上达成了共识。

滋养并构建了带翅生物的形式、撒旦、魔王路西法及他们的同伙堕落的直接原因，“天使之享”也是悄悄向守护天使传递的享乐原则的象征形式。守护天使的职能主要包括永远揭示应当遵循的现实原则。这种双重性推动作品观察、引导、指向正确的方向，因为他让人们服从、屈服、放弃自身的欲望——至少是出于这点原因西方文化才会普及它、崇拜它。它想要我们放弃欲望、愉悦、享乐，而只听到上帝的声音以及那些辅助的神圣指令。他对我们耳提面命的只是关于如何节欲的智慧：十诫是贬低、服从宗教指令的美德。而“天使之享”告诉我们的、提供给我们的知识使得人类有了性别、欲望、有了追求神一样的自由的渴望。有关葡萄酒的知识和那升腾的香气使得关于天使的理论发生了革命。应设想享乐的天使再次堕落、沉醉于酒蒸汽中，被葡萄酒和生命之水的香气所迷惑，微醺，至少是一种幸福的沉醉。那么，就让那全能的力量留给我们中间的这位大天使吧，任由我们的灵魂朝着天籁之音处展翅高飞。

第八章

转瞬即逝之美

——悼菲利亚

献给罗伯特·弗莱克

一切或许都要从那件再普通不过的小便池说起。珐琅瓷材质、白色、干净。在成为现代美学典范之前不过是一个日常用具。那些傻子们为何对它情有独钟？难道是从它身上看出了一种新式有盖大汤碗、一件新款菜盘、一个独特的摆设在餐桌中央的大型银器，还是用来装饰美食场景、体现老饕风雅的某种元素？难道这件空荡荡的容器中盛有奥佛涅的蔬菜烧肉、卡斯泰尔诺区的豆焖肉、古斯古斯或是卷心菜浓汤不成？非也。这个玩意儿既不属于厨具、钢琴、蝾螈炉，也不属于通常在炉灶旁找到的任何用品和器物。因为它是马塞尔·杜尚[1]的一件现成物作品（Ready-made）。这件来自手工作坊或大工业的物品所向睥睨，仅靠一段演说、一次展示和艺术家

1 Marcel Duchamp（1887—1968），法国艺术家。

命名时赋予它的意义就被推举成了一件艺术品。要对现代艺术的滥觞给出一个更准确的日期，那还要提到1914年的栅状瓶架（Porte-bouteilles）。就在这一年，首部引发了虚无主义的启示录宣告诞生。而这样一种虚无主义永远一去不复返了。

马塞尔·杜尚的这次颠覆行为开创了艺术品载体和身份多样性之先河。他为同世纪的艺术家们开创了一方“去神圣化”（désacralisation）的空间。在这方天地内艺术家们赞颂过所有能够想象的形象。神圣的艺术世界与世俗的日常生活之间的区分一夜之间不复存在。两者出现了普遍的混同：生活是艺术，艺术也是生活。存在要么是完全世俗的，要么是完全神圣的。

举止、物体、言词、态度、静默、符号，一切都可以成为艺术品、成为展示美学的载体。这种扩张就如同一个巨大的实验室，从最低廉到最贵重的物质，从最中性到最具意蕴的物质，从最天然到最人工化的物质一切皆可尝试。无论是金属、动植物或者人类材质，还是符号、能源、时间、速度、声音、概念、语言、图像、无声的材料，所有这些都会被雕塑、加工、展示、搬上舞台、进行戏剧化的处理：人体艺术（Body-Art）中的人体、大地艺术（Land-Art）中的景观、贫穷艺术（Arte Povera）中的自然、简单的材料、机遇剧（Happening）、表现艺术（Performance）或装置艺术（Installation）中的时间和空间，以及光效应艺术（Op'art）流派中的动力学能量、沟通美学（Esthétique de la communication）中的信息、影像艺术中的虚拟图像和激浪派（Fluxus）中的挑衅等。还有新美学版图上的其他许多新领域。

何不把烹饪也算入其中呢？有什么道理不把食材也用于美学，甚至是伦理学的创作过程呢？没有任何道理。另外，这一选题传统悠久，其鼻祖要算是格里莫·德·拉雷尼埃尔[1]。当然，是与他的假丧葬白宴、半营养午餐、美食和哲学评审团分不开的。而最近的代表则当属彼得·奎贝卡（Peter Kubelka）。他目前正在法兰克福的美术学校教授烹饪。他们之间还有夏尔·傅立叶和他的美食学推论、马里内蒂[2]和他的荒诞的未来主义盛宴，以及丹尼尔·史波利[3]和他的“吃—艺术”（Eat-Art）流派。他们志同道合，共同的目标是将烹饪纳入美术之

1 Grimod de La Reynière（1758—1838），法国著名美食家。

2 Marinetti（1876—1944），意大利诗人、文艺批评家，未来主义的右翼代表。

3 Daniel Spoerri（1930— ），瑞士艺术家、作家。

中，以此为主题的时代随之而生。

当然，那个年代的厨师也曾是艺术家，但是这些以烹饪为己任的艺术家，这些双手沾满面团的有专长的人曾是怎样一番模样呢？他们一直都肩负着理论家与实践家的双重身份。因为他们所有人都阐明了这样一种论点，那就是：厨师想要通过挑选食材、制作菜肴、在美食舞台占有一席之地、赞颂美食风度创立一种自己的烹饪风格，这正是在提倡一种世界观；以造型和营养的方式、美学和食物的方式发表一种言论。他们都通过实践阐明了一个道理：制造一个独特的、相异的、不同的躯体，一种艺术的肉欲、一块美化的肉类和一架具有欲望、能量，流淌着体液并摄取各种材质的机器，这些都可以是成为融合派（assimilationniste）幻影的艺术作品。因此，吃下这些艺术品的食客自己也就成了艺术品。

与五感协调的享乐主义的躯体；感受、品尝、触摸、咀嚼、切碎、消化、排泄、吃喝、吸收的躯体；活着并产生热能效应的躯体。被烹饪艺术家（les artistes-cuisiniers）延伸的躯体正如艺术哲学家（philosophe-artiste）所写的那样，是一种新型的躯体：它一直都是后基督时代（post-chrétien）的；与力量、本能、冲动相关的异教徒躯体。一个充满了有悖于酒神狄奥尼索斯崇拜的能量和活力的世界。爱吃爱喝的人与那些祈求、尊崇节欲主义圣徒的人恰恰相反。爱喝的人也是如此。他们将口服的液体和固体视为恢复衰弱的体力、维系属于一种特殊唯物主义机器的良好时机，当然，也是为了与世界建立一种美学关系。全身投入地去品尝，就是完全、充分地活着。让意识、文化和智力作用于某一美食时刻，就是以碎片的方式致力于将生命变成一件艺术品，将伦理和美学、艺术和存在混同起来。在情感、肉欲和感知的游戏中获得狂喜，就是舒展由于不断剥夺、忽视、遗忘和撩拨而长期陷于麻木、嗅觉和味觉都已减退的躯体。

享受圆形大面包的味道、蒙哈榭葡萄酒盛宴、新鲜的松露气息、牛肝菌、美的冒泡的琥珀巧克力，就是把正在腐烂、处于怨恨、意识不清、痛苦和负面冲动中的肉体从异化过程中拯救出来。美食是爱神厄罗斯在死神塔纳托斯几乎无往不胜的疯狂杀戮中保有的一片领域。生命力也是生命之冲动，它具有创造性和创造力、构建性和再生性，是通过在我们体内抵抗死亡的全部热情凝结成的胆量。吃就是将自己放置于自身形成、成长和保存过程的中心。从某种程度而言，就像是黄昏时为迎接下一个黎明而做的准备。

烹饪艺术家（l'artiste-cuisinier）在自己的作品中总是健谈的。他自我叙述、展示、提出理论，他书写、设计并解释、描绘并提供使用说明，制造事件并阐释事件。反之，追求艺术的厨师（le cuisinier-artiste）则大多数时间都置身于纯实践的领域，将主要时间用来做事、制作。这是智人（Homo sapiens）和会创造的人（homo faber）、陈列言词和保持沉默之间的对比。那些来自美术界的人一下就将烹调活动置于美学领域、置于艺术家的领地；而那些在厨房里忙碌的人则更加低调、不善言辞，只求能留在炉灶旁。但这并不妨碍他们仍是名副其实的懂艺术的人。

但这是怎样一门艺术呢？由于对每门艺术演化的领域定义不清以及对相关艺术家活动范围界定的不明确，通常会导致对艺术的混淆。从长远来看，对于无论哪个领域的当代创造者而言，那些经过时代和历史考验的伟大前辈，克洛德·洛兰[1]、彼得·保罗·鲁本斯[2]也好，居

---

1 Claude Lorrain（1602—1682），法国风景画家。

2 Pierre Paul Rubens（1577—1640），佛兰德斯画家，巴洛克画派早期代表人物。

斯塔夫·库尔贝[1]也罢都没有什么大的意义。即便同属一个范畴——例如造型艺术——现今要将伦勃朗[2]和马里奥·梅茨[3]相提并论也没有什么意义。仅是从马塞尔·杜尚制造的“巧克力研磨机器人”（l’homme à la broyeuse de chocolat）引发的美学革命开始，烹饪才成为一门有意义的、可以归入美术画廊之列的当代艺术。塔耶旺、皮埃尔·德鲁内、安东尼·卡汉姆不但自己称不上艺术家，他们的作品在那样的时代就算具有同样的形式，也是不可能归入美术逻辑之列的。

杜尚使“转瞬即逝”的艺术品成为可能。它与时间建立了另一种关系，这种关系与通常所谓的杰作的永恒性不同。欧洲意识形态通常习惯的主流、公认的价值观可以体现为帕特农（Parthénon）神庙、普拉克西特利斯[4]雕塑，甚至是胡夫[5]金字塔或吉萨（Gizeh）金字

1 Gustave Courbet（1819—1877），法国画家、写实主义美术代表。

2 Rembrandt（1606—1669），欧洲17世纪最大的画家之一，也是荷兰历史上最伟大的画家。

3 Mario Merz（1925—2003），意大利当代著名艺术家。“贫困艺术”运动的领航人。

4 Praxitèle（前390—前330），希腊雕刻家。

5 Chéops（约公元前27世纪），古埃及第四朝法老。

塔和拉斯科洞穴这类的艺术作品。这就是持久性，对抗时间并载入历史长河的持久性。这就是上古艺术推崇且不可动摇的确定性。留下痕迹的即是可以接受的，消失的则无缘成为艺术品：这就是人们长久以来奉为圭臬的真理。

我们还要补充说明的是，西方人倾尽聪明才智贬低的五感正是烹饪热烈赞美的。这样一来就可以解释为什么寺庙看守坚决禁止餐桌艺术进入神殿。它太过鄙俗、太难以掌握、太转瞬即逝。肉体有余，灵魂不足；短暂印象有余，确凿证据不足。过于短暂，不够持久。有多少人正是扯着这些强势原则的大旗，禁止非洲、大洋洲艺术，那些朴素的、天真的艺术享有最起码的荣誉？通常，那些昨天还在为艺术堕落痛心疾首的人正是今天在当代艺术前驻足，把它们说成是颓废文学、喜剧、闹剧或滑稽剧的人。他们心安理得地给出一些明智的教训，他们无所不知，他们乐于捍卫并待在自己狭隘的小圈子里，但你们要知道：事情已经不再像上个世纪那样了。从那时起已经发生了多次战争和革命，有的是火与血的，另一些则是纸与词的。但一切都变了。该是时候去认同那些很快就要成为百岁老人的艺术了。马塞尔·杜尚和他的遗产或者是继任者们获得认可的时代已经来临。

只有在当代这样一个空间，短暂之美才被人们所呼唤而非打压。非洲沙漠里沙上的痕迹、伊斯兰教托钵僧的旋转运动、风儿奏出的乐声在丛林中逐渐变弱直至消失的回响以及空气穿过树杈的动静和荷马家乡的现代人例行祭祀时上抵众神的袅袅炊烟，它们多数都是不着痕迹的痕迹，贫乏的记忆，一露面就几近消失的回忆。烹饪和这些艺术所产生的都是虚幻的，一种非实体的物质，超越了现实通常所限类型的物质。而这些累聚的虚幻之物的天性就是短暂的、不稳固的，它们持续的时间多则一天，有时甚至还不及一天之久。

因为烹饪是一门时间的艺术。时间和烹调作用于食物、可食用的、可吸收的材料的艺术。作为时间和色彩、体积和材料的艺术，它属于美术范畴。因为美术处理的正是这些方面：音乐和绘画、建筑和雕塑。烧煮体现的是时间的持续；色彩体现了光谱学；形状在三维空间内的展开，体积在空间方位内的获得都在盘中呈现；那些光滑的、有条纹的、多筋的、或长或短的材质的折叠或展开则符合建筑与雕塑的原则。材料是这转瞬即逝之美的对象，艺术家们在它消失、消灭之前将它雕刻成形。

一切烹饪操作都标志并赞颂着材料的变化：切、炖、烩、氽、烤、烫、烘、烧、煨，都是专门针对时间的操作；剪、割、撑、碎、片、捆、涂则类似于形式上的加工；松弛、模仿、减压、研碎、爆裂、揉和、勾芡、腌制则是直接作用于材质；用旺火煎炸、氽、冰镇、用香料调味、使味道更浓，都是为了达到颜色和光泽上的效果。在各种形式中，动作与时间、形式、材质、颜色的结合都属于美学和艺术实践。烹饪操作为的是使材料达到一定的状态：凸显红椒的红，菌类的香，面皮、面团的松、香、可口，肌肉的韧性、肉类的多汁、汤汁的均匀。五感如此一来不是部分或一半地而是从整体上被唤起，从香气、硬度、滋味、视觉效果上整体被考察。整个大脑都被投射到如此多样的而富于变化的材料中。拼贴艺术成了与美食学相关的一门学科。

但材料并非永远处在自身的格局之中。它的精华部分当然会延存下去，但它在其中呈现或自我展示的组成则是不稳定的。如果说自德谟克利特起，唯物主义者们就宣称只存在一种变化多端的物质这一点是对的，那么他们也总是明确地表明变化中存留的只是现实的形式属性，而恒久性只存在于物质的构成要素（les composants）而非被构成的化合物（le composé）中。烹饪的准备阶段当然遵守这些基本的规律。元素的恒久性，食物的不稳定性；单纯的不朽，繁复的易逝。烹饪是在某一具体的时空内，通过具有艺术家自己风格的能量和意愿获得的形式。厨师是时间的雕刻师，材料就是雕刻的前提。这就注定了它的短暂易逝。

烹饪艺术家（l'artiste-cuisinier）因而也就都是概念艺术家。追求艺术的厨师（le cuisinier-artiste）也是如此。因为他们通过形式表达意义，与食物之间现象学的、被加密的关系，是联系二者之间唯一的媒介。提供的饮食是一道食品构成的信息、符号和演说大餐。如果一定要给这门菜肴的艺术确定一个诞生日期，与其说是格里莫或傅立叶（这些出于本能的先行者，他们将具有意义的独特菜品戏剧化而不是亲自烹饪这些菜肴，将美食纳入他们更广泛的世界观中），不如说是马里内蒂的未来主义。尤其是菲利亚（Fillìa）的未来主义。后者是该运动的烹饪理论家。上文提到的两位法国前辈是了不起的先行者，但他们的下列作品并没有为烹饪指定任何象征功能，这些作品包括：格里莫的松露砂锅和傅立叶的中轴型肉酱、水果塔以及其他一些香酥饼[1]。它们都不能以内在的方式产生意义。无论是一只烤火鸡还是一份蓝莓塔原本都可达到这样的效果。反之，马里内蒂想要让盘中的内容产生意义而在他看来，人体吸收的也远非一种没有倾向的材料。正是出于上述原因，意大利先锋派早在1931年就发起了一场对烹调进行美学化处理的运动，而这场运动则是受到了1909年《未来主义宣言》这一奠基性文本之上发展起来的形而上学的启发。

或许永远无法再像意大利未来主义鼎盛时期那样，将美食计划以如此完满和具有说服力的方式发展到极致。食物问题对马里内蒂而言是一种实现新人类、新文明、新追求的手段。因为它打开了一片有关能量、活力、健康、力量的文化前景。他认为烹饪将是这场无神论革命的助推器。尽管他辩称未受到尼采的影响，但是这位马法尔卡（Mafarka）之父，查拉斯图特拉（Zarathoustra）奇怪的兄弟推荐并支持这位德国哲学家在《瞧！那个人》

1　参见本书作者的另一部作品《哲学家的肚子》(*Ventre des philosophes*)，第105—127页；《傅立叶或中轴型肉酱》(*Fourier ou le petit pâté pivotal*)，第154—177页；《马里内蒂或古龙水咖啡煮香肠》(*Marinetti ou le porexcité*)，Grasset出版社，Figures丛书和口袋书。

（*Ecce homo*）[1] 中关于食物的论点：身体是伟大的理性，饮食是重大的哲学问题，民族命运与餐桌上吃什么息息相关，人的思想与他所吃的东西有着长远的联系，食物和营养学也是伦理和美学问题。

为了让自己的民族有更好的前景，让本民族的人变得更有竞争力、强大、健壮、足智多谋和创造力，马里内蒂和菲利亚赋予烹饪以建筑学的力量并要求厨师们配制那些能“让每个人都有正在吃艺术品印象”的菜肴。为此，航空画家、航空诗人、航空制瓷师和自由言词主义者（motlibristes）——所有这些投身于马里内蒂事业的特定艺术家——、艺术批评家和工程师受邀提出一些新的方式，他要求他们在这些方式中表现未来主义哲学、它的玄妙和神秘。即，术语先于那些被经常提起的技术：所有对航天征服的赞颂，伊卡洛斯（Icare）[2] 技术的胜利，以及归功于机器、发动机、钢、铝和完全当代的形式和力量的现代主义的整体进步。就像中世纪天主教堂的彩

---

1 参见《哲学家的肚子》，上述版本第 131—149 页《尼采或反基督者的香肠》一文。

2 希腊神话中他用蜡将鸟翼粘在双肩，偕父逃亡，因飞近太阳，蜡融翼落，堕落爱琴海死亡。

绘玻璃一样，未来主义的盘子[1]也负有感化教徒的使命。盘中的内容通过形式、色彩、感觉和情感教导人们那些在各种宣言和理论或纲领性文本中所要学习的东西。

早在新派烹饪拥护者发起的烹饪革命几年之前，未来主义者们已经大胆地提出了多类型混合的提议：肉/鱼、甜/咸、开胃菜/餐后甜点、可食的/不可食的都可混合。他们同样还开创了用来产生微妙情绪、变化多样的愉悦感的小份食物。追求效果的质量而非数量，刺激人体的形而上学而非填满空洞的形而上学：最少数量的饮食，通过象征性的集中取得对身体质量效应的最大化。最后，他们在烹饪和意义、备好的材料和象征符号之间建立起一种平衡关系：我们吃下去的不再仅仅是食物、食品，也是艺术作品、具有概念和意义的产品。为此，他们对烹饪方式加以逻辑的美化，并通过菜名宣告、发现一个诗意的世界，一个造型和联觉（synesthésique）的言词宇宙。

---

1 吉奥瓦尼·利斯塔为马里内蒂的《未来主义》所写的前言《人类世代》，1980年版。马里内蒂和菲利亚合著的《未来主义烹饪》，纳塔莉·海涅克翻译并（完美）呈现，Métailié出版社1982年版。吉奥瓦尼·利斯塔：《未来主义者》，Henri Veyrier出版社1988年版。

下面是一些烹饪文化决裂、烹饪方式象征化和美化的例子：是否应该庆祝武士的阳刚之气、力量和强大？人们用一种“超级壮阳物”(Ultraviril)，也就是将一条煮沸的小牛舌用几何方式与烤虾、意大利式绿蛋黄酱浇淋的龙虾、切块的水煮蛋交叉成带状摆盘，用鸡冠、柠檬片的茎体、葡萄籽以及抹上龙虾子的松露作为装饰。我们从中发现了一种独特的搭配游戏：大地和海洋（小牛肉和龙虾)、刺激的颜色和清新的颜色（绿色、黄色和白色、红色和黑色)、酸味和甜味（柠檬和酱汁)、大众化和贵族化（葡萄和松露）的搭配。人们认为这道菜从整体上能够在提供体力和力量的同时任由精神在躯体中自由的存在，而不会使躯体因为酱汁、面团和淀粉物变得沉重。

菜谱是荒诞的、独特的、惊人的，因为这也涉及与一个已被革新的、应被整个摧毁的过去的对抗和决裂。所有那些怀念老派做法的人都是被收买的：未来主义想要在烹饪领域，正如在其他一切领域那样推动一场真正的文化革命，一次真正的价值重估。炉灶旁的大胆尝试是对有益于整个民族健康和聪明才智政策的前奏。未来主义的战斗性通过在整个意大利，随后是在欧洲许多城市组织的大量宴会得以体现。

1931年3月8日，米兰桑托帕拉图（Santopalato）餐厅的一餐是这些宣言的代表，时至今日，这些宣言或许会让人想到一些曾宣称要实现绝对艺术作品的机遇剧——例如，我联想到了在所谓的绝对艺术品领域的，赫尔曼·尼特西（Hermann Nitsch）的维也纳“行为派”的那些庆典。1931年3月8日这个日子应标志着未来主义理论向实践的过渡，词语与行为、身体与精神、思想与肉体和解的概括性的一刻。

杜尔盖洛夫（Diulgheroff）想到并设计了一处场所。在那里人们寻回了长期被西方世界分离的诉求。这位建筑师想要造一个荒诞不经的客厅，客厅里放置两个可近距离联络的立方体，整个内部装有光柱并镶满散布的巨大金属眼，这些金属眼本身也是被照亮的。整个设计采用铝合金材质，轻巧、现代、卫生。这种纯度高而又坚硬、干净的金属正是未来主义者希望“未来人”所具备的品质。另外，在他思维最敏锐的年纪，马里内蒂曾希望出现一种“合成人”。他不仅有血有肉，还是一台金属制成的、具有欲望的机器，一个超前于时代的、没有器官的躯体。

未来主义典礼旨在实现一种整体的、普遍的享乐主义，整个身体都可从中都得到庆祝。一切肉欲的、情感的、情绪的维度都随意志力而发展。这样，作为一切美食行为的前奏，一种极具可塑性和说服力的声音向在场者宣读那些菜肴富有诗意的菜名。与此同时，在听觉上被极大调动起来的在场者又臣服于一段音乐。这段音乐可能是由一首巴赫曲和发动机噪音混合而成的，也可能是由一系列瓦格纳武功歌组成的轻歌剧片段拼凑而来的。噪音与声响、音乐和日常生活的声音分贝被同样神圣地聚集到一起。它们的地位是相同的，不会再拿什么去区分大街上的音乐厅、音响文化的正式场所还是工地、火车站或工厂平庸、琐碎的现实。因此，无论何处，艺术和生活都得以象征性的和解。

每一道菜的上菜间隙，服务生都被建议将香精和精油进行雾化，这些香精和精油含有一道菜及其呈现形式的全部内涵。因此，所有的菜都配有一种香氛，有时是玫瑰，有时是茉莉花，有时是紫罗兰或其他的芳香。一台鼓风机吹动空气，当不再想要气味时就将它吹散，接下来是另一种气味随着下一道菜一起上来。触觉是由一种特制的物体刺激形成的。这种物体以一个小长方形机器的形式呈现，上面铺着一小方黑色天鹅绒和一片玻璃砂纸。它们由左手的食指和中指操作，同时食客可用右手来享用盘中的佳肴，因为盖子已经被撤下去了。饰物、食物以及宴会游戏上演的剧目让人目不暇接：材料借用建筑形式加以处理，再加上鼓风机吹动香气舞成的芭蕾，这一切都可以是承载视觉愉悦客体。当然也包括烹饪过程本身，盘子里呈现的色彩、造型、体积和材质上的统一。

在这种极具戏剧化的呈现中，味道如同镶嵌在戏剧这件首饰上的宝石。烹饪过程就像美食宣言或对这场运动精神的提炼、升华。因此，“小鸡的决心”（le Pouletfiat）就堂而皇之地出现了在盘子中。经过水煮和火烤双重处理后，它变成一件后背被掏空的雕塑，并填进一把由一种机械运转游戏改装后的低碳钢弹珠。在这个内部基本镀铬的家禽的背部，厨师将一个生鸡冠分三片缝于其上。接着又要重新用到火了。煮十分钟后，整体浇上一种掼好的奶油再上菜。

动物变成一个宣告玛法尔卡（Mafarka）到来的突变体，而玛法尔卡则是未来主义的人类学象征。他是肉和钢的混合体、自然体积的肉体和人工手术附加的器官的混合体，类似于马里内蒂所称的作为傅立叶回声的形象。它的独特符号是普罗米修斯展示的一双翅膀，标志着能量、力量、活力、超越。小鸡表现了人类，烹饪道出了神秘，盘碟教会人们形而上学。未来派计划制造一种“分身有术的人”(l’Homme Multiplié)。他是个人经验的朋友、机器的学生，他孜孜不倦地培养自己的意志。他的意志像思维一样清晰，具有猫一样的洞察力。一个新的躯体就此被制造出来，它几乎是工业化的，由意志加工的产物。烹饪是这场革命的操作技巧和伟大的建筑载体：吃下一件现代艺术品，就是将自己彻头彻尾地融入艺术品的身份中。

未来主义的设想使实体论者偏爱的献祭名声大噪，这些偏好在烹饪业余爱好者，尤其是养生爱好者那里一直都很活跃。依据这些偏好，在吸收一种食物的同时，我们会完整地保存下这种食物的属性，并充分地利用这些属性。从这一设想出发，“小鸡的决心”中的钢珠与其说是有利于食物通过消化道不如说是将金属的一些品质转化为食客的身体材料：持久性、抗腐性、坚固性、不可变性。原始群落的食人仪式依靠的是同样的对通过吸收进行转化的可能性的信仰。对烹煮过的死人食材的象征意义的信仰。同样的魔力诗歌激活了对宏观生物、素食和养生食物的狂热。从瓜拉尼人（Guyakis）[1]在准备和烧煮仪式之后向女人分发睾丸，希望治愈她们的不孕不育。到城里的修行者希望通过啃食蔬菜饼以最少的费用在他们郊区的寓所中达到心灵顿悟并在灵魂中保持这种对唯物主义简洁的、原始的信念，这种信念的好日子看来还在后头。

对于所有那些进行未来主义烹饪实践的人来说，被吸收的食物与其说是一种养生学内容不如说是一种象征性内容；与其说是一种营养学价值不如说是一种美学内容的造型语法。烹饪艺术的目的是提供轻灵、活力、能量、生活的乐趣和健康领域物质的信息。它旨在转变躯体和现实、肉体和世界以及笛卡尔理论所谓的扩延的实体（la substance étendue）和思想的实体（la substance pensante）之间的关系。味道更愿意向智力而非肉类求教：它是揭秘知识的密码。同样地，与器官的用途相比，它更多地是一种形而上学的永动机。

未来派不想要一种有用的、服从于自然需要的食物，

1 南美巴拉圭的主要居民。

一种用来填补空洞、平息动物性生理欲望的烹饪。相反地，它追求的是一种哲学的、独立于文化技巧和头脑意志的营养。这种营养服从于渴望脑力和智力完满的灵魂的扩张。这两种实体是如此亲密以至于由形而上学的烹饪赋予形式的“思考的实体”将构造，并以一种意味深长地方式形成“扩展的实体”，从而赋予其全部的预期力量。

未来主义的唯物主义经历了对柏格森思想和作品的主观阅读。从中尤其可以发现一种关于精神能量、创造能量、生命冲动、物质和记忆的关系、机械主义和生机论的关系、进化的意义、意识形态论题的变化等论点的改变。吉尔·德勒兹[1]对柏格森主义概念的分析让人相信能将这位法国思想家的哲学材料库改造成一台赞颂生命冲动的战争机器。而这种生命冲动是正在形成的潜力。它将持久性嵌入物质之中。而物质系统地发展使得现实从根本上成为多样的实体模态中的一种。马里内蒂借助作为与世界共存的原始力量的生命能量将柏格森的生命冲动和神秘领域的创造需要联系到了一起。

---

1 Gilles Deleuze（1925—1995），法国哲学家。

艺术家是这种能量的雕刻师，如果他是厨师，这种能量就以食物这种可被人类同化的材质形式呈现。这种雕刻的模式被列入一道食谱中。食谱总是留有某个个人的签名来宣示其所有权。另外，这个人往往不是厨师，反而是诗人、建筑师、画家、制瓷师，即通常所说的烹饪领域之外的活动者。受到未来主义理念和哲学的启发，提出美食方案者利用象征符号的属性从而避开给出准确的数量甚至是质量。

市民料理时代之前记载的菜单不会详细地记录克数和可计量的数据。一种纯粹的本能创造性取代了配量和常规的束缚。前者指的是使一种形式和力量兼备的能量材料变得更加有效、恰当。这是美学对伦理学的服从，反之亦然。任何想法都不会比预期的效果更加闪耀。菜肴应给人一种突如其来的激动，从味道中传递一种原始的力量，将油腻的肉类转化为轻盈的肉欲。这就是未来主义饮食对意大利面深恶痛绝的原因。也正因如此，马里内蒂依据优雅、轻灵的原则向意大利面宣战，对抗这种象征意大利人懒惰和冷漠的国民饮食。那些挑战过去、向往明天的未来主义者强烈地批判了这种令人变得滞重的食材。

菲利亚也同马里内蒂一样，满怀对现代主义的热切渴望，期待一种身体转型的新人类。正如许多厨师那样，热衷于马里内蒂理想的实践者们在技术中看到了一种改善象征性、美学和美食表现的手段。他们不遗余力地为科技高唱赞歌：制造新香型的臭氧发生器、激活所食物质的紫外线灯、分解汁液并提取出精华的电解装置、简化粉化过程的胶体磨粉机、压力蒸馏装置和其他中心排气的高压锅、离心装置、衡量调味酱的酸度和碱性或者控制调味品的化学指示器。技术、化学和科学应为烹饪过程的美化服务。所有能够更好地表达一种烹饪象征精髓的都予以考虑、发展和推动。正如其他未来主义计划那样，未来主义的烹饪计划也是一种纯粹的末世学（escathologique）论述。它使美学服从于一种伦理和一种讯息。另一种历史和命运需要另一种人类和躯体，那时生命和艺术将合二为一。

1940 年 6 月意大利加入世界大战之前，马里内蒂就满怀激情地自愿加入了埃塞俄比亚战争。而此前不久，菲利亚、马里内蒂和其他未来主义配角们进行的烹饪试验渐渐偃旗息鼓了。1930 年至 1932 年间，各种宴会接连不断，随后，各类宣言、非主流运动和讲座在欧洲、土耳其和北非各地不断涌现。为了实现他的激进计划，马里内蒂本希望调动并集中美学各领域的整体力量。他的这些理论和思想的野心一旦向墨索里尼的法西斯主义妥协就敲响了这一思想的丧钟。如果不是这样，他的思想也不至背上“20世纪野蛮意识形态”的骂名。俄国的未来主义者则没有把这场颠覆推得那么远。另外，那里的运动也在粗暴的极权统治下沉沦下去。他们曾梦想着一种“分身有术的人”(un Homme Multiplié)，结果只得到了一种“残废的人”(un Homme Mutilé)；他们本想要一种精致的烹饪，结果却只换来了饥饿和战场；他们曾全心全意地呼唤轻灵、优雅、力量，却只得到了沉重、呆板和暴力。各类宴会打了水漂，20世纪开头不顺，后来也并没变得更好。

继棕色和红色极权主义之后，出现了被马尔库塞[1]透彻分析的单向度的人。纳粹集中营和科雷马（Kolyma）地区[2]大获全胜。消费社会落户人类，诱人走向陷阱并将人类的独特性、个体性和例外性闭锁其中。消费、异化、

1 Herbert Marcuse（1898—1979），德裔美籍哲学家和社会理论家，法兰克福学派的一员。

2 古拉格集中营的犯人曾在该地区采矿。

越来越疯狂的消费者自我保护行为等逻辑节节胜利。最后，资本主义通过制定法律换来了它鄙俗、乏味、平庸的价值观、粗俗的美德、功利主义、物的社会、占有和累积等恶习的胜利。

这些事件发生的背景是战后那些多年来承受着世界末日重负的人们的疲惫不堪和精疲力竭的处境。金钱取代了意识形态，财富成为唯一的美德。而一些艺术家将自己的天分用于服务这样一个世界。要么赞美作为其标志的汤和明星。要么将自己的产品纳入仅有的市场逻辑之下。有些持反叛态度的艺术家坚信美学将为抵抗和反叛提供力量支撑。丹尼尔·史波利作为其中的一分子，也是新写实主义的活动家，呼吁将烹饪纳入美术之列。

客体一经确立，史波利就提出了它的主体及其标准化工作。艺术家是将现实纳入意义之清晰图景的唯意志论力量。自 1960 年起，史波利就将餐桌、食物、美食工具和整个美食场景作为美学事业的目标。他的首批作品属于所谓的“实物画”（Tableaux pièges）时代。也就是将食物概念材料置于一种独特的认识论逻辑中：一顿饭后，所有的残羹剩菜都被囚禁在它们所处的状态中，固定于某一地理位置和某一时间性中。因此，它们就获得了一种转化后的时空身份。

垃圾、位置和物体之间的关系使一种“偶然形成的地形图”合法化。在这一地形图上显示出一种完成的饮食考古学，它可以为相关的圣体瞻礼的完成过程提供参考。考古学能够揭示一段历史，痕迹使一些重建成为可能。实物画会讲故事。它杰出的叙事身份使之与那些依赖于餐桌上的物体产生意义的符号和作品并驾齐驱。脏污的盘碟、留有液体污渍的玻璃杯和茶杯、咖啡和葡萄酒、油腻的纸张、掐灭在茶碟里的烟蒂、揉皱的包装、吃剩的面包头、盖子、白铁皮盒似是有待洗涤、清洁、整理、有序地叠放到别处的浮雕。消费也是生产垃圾；吃东西同样也是留下残余。客体系统引发了侵略，它会扩散并在自身的扩散中产生社会学、历史学、人类学甚至是形而上学的意义。考古学告诉我们垃圾、剩物、废品有时能更好地讲述一种生活、存在、行为、思想和举止的模式。这是一个属于客体的时代，也是一个属于垃圾的时代。

为了将这种令人厌烦的、粗俗的状态转换为引人入胜的、美学的状态，史波利固定、黏贴、附上物体并使它们不动。他就像摄影师或雕刻师那样通过引入一种新的持久性、一种精致的时间而终止了分解过程。随后，他展开了一件与时间相关的唯意志论行动并行空间相关的工作。后者就是将由各种器皿组成的实物画挂到一堵墙的表面。物体固定于一段静止的时间中，凝结于一处垂直的地理位置上，它们就此离开了现实世界世俗、平庸的空间，置身于美学世界神圣而独特的空间。这就是点石成金的秘密。这就是如何把一场宴会吃剩的水平面上不值一文的垃圾转变成垂直方向的价值连城的画作的方法。

实物画是对马塞尔·杜尚艺术的回应，它打消了人们对美食缺少理性的顾虑。因为它再次说明是观者成全了画作而消费者才是评估、决定美学价值的操作员和传送带。所以说，只有那么懂得观看整个过程的人才会坐到桌边。时间和空间是艺术品创作永远无法摆脱的两大要素。它们也导致了烹饪这门艺术的出现。时间和空间正是康德所说的先于感觉的形式，而烹饪则是关于这两者的艺术。对那些能用自己的意志征服自身所处世界的人而言，客体是可以改头换面的。对事物最极端的批评要通过价值观的颠覆：并不是资本主义拥护者渴望的客体形成主体，而是真正的艺术家和哲学家一直以来期待的主体形成客体。

丹尼尔·史波利自那时起就驻扎在艺术批评家的阵

营进行抵抗：他通过一种能够建立意义的语言行为和一种美学行为连续用比喻表示一个意思并通过上述美学行为将系列产品或流通中的消费品转变成艺术品，只要这些物品跟食物有关。因此我们可以认为他是追随"现成品"潮流发明了"食物现成品"(le ready-made alimentaire)[1]的概念。准确来说：他于1961年9月将杂

---

1 1976年6月《鲜活的艺术之路》第21期《丹尼尔·史波利：烹饪的启蒙式降临》，作者艾默玲·李碧儿。《第四》杂志第19期《反对者》，作者阿兰·儒弗瓦。丹尼尔·史波利《全球音乐作品资料》，1988年9—10月。1989年《当代艺术》系列，Aure Libre出版社《艺术的饮食》艾弗里展览目录。奥托·哈恩《丹尼尔·史波利》第189—190页参考资料，Flammarion出版社1990年版。《画廊杂志》1990年4—5月第36期，《论偷猎艺术》，作者菲利普·彼盖。《艺与物》1990年冬季刊第19期，Artsudio《丹尼尔·史波利的情感物品及其他》，作者吉尔伯特·拉斯考。1990年3—4月第118期《国际音乐作品》《艺术的饮食》，作者Y.M.贝尔纳。《美术》，1990年3月第77期《史波利，眼睛的陷阱》，作者马伊登·布伊塞。《艺术期刊》1990年3月第145期，《丹尼尔·史波利，向发现的情况致敬》，作者奥托·哈恩。还可以阅读他以下有关美食和艺术问题的文章：《偶然产生的地形学》，劳伦斯画廊出版社1962年版。《一顿早餐的变化》，慕尼黑Bischofberger画廊1966年第35期。《小巨人的美食交流：关于锡米岛历史的愚蠢笔记：赛维诺尔汤食谱》，锡米岛的小巨人，《别无他物杂志》1967年第1期。上述杂志1967年第3期《论阳性或阴性的Keftédès或关于简化或如何用一种关于血液的未预见的离题话谈论蠢事而非艺术的思考》。《美食学》1970年慕尼黑Weltwoche出版社。《1976年6月2日C.N.A.C.的饥饿，关于丹尼尔·史波利同音异义文化菜单的笔记》1976年版。《艺术家的调色板和实物画》，《反曲线》1990年4—5月第205期。

货店里的物品并为它们贴上了“小心！这是艺术品”的标签。对杜尚作品的参考是一种尊重或者说是一种引用。行为艺术（le geste performatif）是指在恰当的地点、以恰当的方式和命名方式进行的活动，也包括消费品清单中。史波利就这样表达了艺术家最主要的创造部分和创世的部分。他是这样说的，也是这样做的。以同样悖论的方式，也可以将这句话补充为他是这样做的，所以这样说。

史波利希望让刹那永驻，他作用于物体的寿命从而改变物体：从那些注定在用完后就消失的日常消费品的短暂性出发，呼吁用替代来改变持续的消费者自我保护行为。他通过一种洗礼仪式为物体赋予了崭新的寿命，原本被突然指定的物品由此获得了另一种身份，一种属于美学范畴的产品身份。这项工作完全反映了希腊语中“制作”（poiêsis）一词的意义，那就是：创造、成形以及其几近教条的意义中包含的信息，也就是对现实的雕刻。从实物画到被能指破坏的所指，史波利将与饮食有关的物品视为他在形而上学、哲学和美学事业上的合作者：1962 年 9 月，在阿姆斯特丹市立现代艺术博物馆（Stedelijkmuseum），他进行了该领域的一系列实验并希望通过这些实验来扰乱人们的感知。

阿姆斯特丹博物馆进行的这场游戏不禁会让人想到未来主义者曾在宴会上进行的游戏。在那些场合，他们在游戏模式的基础上激发整体感觉从而让智力能够通过现象学类型的“意向性”操作一件感官功能的觉悟化工作。这些感官功能先是分离的，随后加以综合。实验采用一种“行为艺术”的形式，邀请观众穿过两个大厅，其中一个被改造为黑暗的迷宫，身体置身其中能够保持除视觉以外的其他全部感知。因为，参观者戴上了一副配有尖端系统的黑色眼镜，该系统会使眼镜产生刺激眼球的效果：也就是以造型的方式象征参观者以告别视觉，可以避免受到视觉观察的影响，只有依靠另外四种感官发现那些让人感知冷、热、潮湿以及某些织物颗粒和材质、各种噪音和气味的仪器。

类演化和“智慧的智人”(l’homo sapiens sapiens)这一西方最具代表性的意义被象征性地删除后，史波利又重复了孔蒂亚克（Condillac）和他的塑像实验：如果对世界的理解只能以一种感官的模式进行，它将整个都按照这种感官的类型形成；如果其中一种类型缺失，那么其他的类型将用别的感官模式加以弥补。在看不清楚，甚至根本看不见的情况下，感觉、味觉和触觉将变得更加敏锐。这就是期待中的感觉主义实验。实验的结果是在艺术家构建的环境下，可以通过惟一的补偿模式进行理解，而这种补充模式可以优先运用在美食活动中。

在邻近的房间里，悬挂的实物画作品以其颠覆性的模式扰乱了空间呈现的常见类型：地面被转变为悬挂有画作的墙面，而雕塑则树立在墙面上，使墙面变成了地面。另一种空间由此形成，正如实物画引出的另一种时间。被干扰的身体不得不推翻之前的参照物并破解仅有的视觉信息以便为器官以及所有用来调整机器的部件提供继续平衡发展的可能。

在“创世”(démiurgique)(1960)、“唯名论”(1961)和“感觉论”(1962)研究之后，史波利投身于更加专业的概念领域，开始涉猎与饮食有关的物品。不是从形而上学、语言学或现象学的维度，而更多的是从“美食学”(1968)的维度展开实验。为此，他还在杜塞尔多夫艺术馆(Düsseldorf)开了一家以自己名字命名的餐厅并将厨房工作交给他前妻的哥哥。他自己则负责脑力、艺术和文化方面的工作。该餐厅迅速成为“吃是艺术”流派的前沿阵地。在史波利的餐桌上，可以吃到熊、蛇、象鼻——连进食的餐桌也可出售，因为他要负责的是将残羹剩菜加以伪装从而确保以美学的方式将粗俗转化为神圣。这里提供的饮食是颠覆性的：这里吃的不是处于欧洲文化熏陶之下的人所惯常的菜肴，人们自愿享用那些乔装改扮过的产品，例如，一份土豆冰淇淋或肉丁杏仁巧克力，以及一些有些色情和亵渎内容的菜单。目标是品尝一切、尝试一切、努力不被饮食禁忌所限制或阻碍。

实验如愿以偿地证明了饮食是一个当之无愧的符号系统，其内部运行着完美融合的密码：凭此可以区分可消费材料和不可消费的材料、合适的搭配和其他的搭配、世俗的食物以及用来祝圣的食物。所有美食实践都依赖于这些禁忌和习惯、价值和原则。烹饪和品尝都与一种文明的价值相关，或歌颂、赞美，或批判、否定。进入身体的任何物质都不是中性的，它总会在个人历史和集体历史的双重领域上产生积极或消极的影响。史波利通过作用于食物的精神系数，也展示出在烹饪行为和美食实践中存在着的政治维度。

正是在这一时期，史波利撰写了他的一部作品：“一切艺术都在堕落，唯一幸存的是高贵的烹饪艺术。”另外，“性和饮食是人类的两种基本需要。其他人负责谈论性；而我将负责谈论饮食。”但是，这二者从很多方面来看都像是同一枚硬币的正反两面，而不仅仅是两个对立的世界。二者难分难解，相辅相成。实际上，史波利真正全身心地投入食品问题研究是从1969年开始的。当年，他在观看杜塞尔多夫艺术馆展览的妮基·德·桑法勒[1]用糖制作的“千面娇娃”（Mille Nanas）作品时突然有了让挑选食材、烹饪和将多余的材料加工成美食成为一门艺术的想法。

“吃是艺术”流派诞生于1970年10月29日米兰的一场丧宴上。那是一场为庆祝新写实主义“最后的晚餐”而举办的宴会。宴会的主题是：20世纪艺术之消化。宴会上消费的是各种富有寓意的、具有象征色彩和游戏意味的烹饪界和食品界的大佬形象。每个人都有一个属于他自己的象征性的美食和美学形象：一桩雷蒙·安斯[2]式的饼干篱笆，一个克莱恩（Klein）式的墓碑形状的蛋糕，一块凯撒式的液体压缩杏仁巧克力和一堆阿曼（Arman）式的肉冻。香料蜜糖面包、肉和糖果被用来当做制成艺术品的材料。一切都是可以食用的。同时又被

1 Niki de Saint-Phalle（1930—2002），法国雕塑师、画家和电影导演。

2 Raymond Hains（1926—2005），法国艺术家。

当做每个人物命运的象征：丢弃品和废品成了下肚食品的模拟物，另外，对糖的使用则精打细算。吃下的艺术很少能反映在排泄的废物中。这些新写实主义参与者的每一个主题都是不可存留的：一切都已消失，艺术史的一面墙壁就此轰然倒塌，而这种倒塌是通过食物媒介来表现的。后者从辩证的角度来看又导致了另一个时代和一种新的参照系的产生。这就是“吃是艺术”流派。它在新写实主义的死亡灰烬中浴火重生，前赴后继，继续开创这项事业的未来。

丹尼尔·史波利被任命为科隆学院美术系教授。为了郑重庆祝自己的加入，他组织了一场同僚间的宴会。应邀宾客全都匿去本名而以一位已故名人的身份出席。在哲学家的餐桌旁，可以遇到一位来自波恩的康德和数位黑格尔；在作家餐桌旁则有海涅、克莱斯特（Kleist）；丢勒、格吕奈瓦尔德（Grünewald）、克拉纳什（Cranach）齐聚于画家的餐桌旁。可以吃到巴赫烟熏鳟鱼、莱布尼茨蛋糕和笛卡尔奶酪这类的甜食。生肉是瓦格纳肉店供应的，猪肉类熟食则来自梅特涅（Metternich）和席勒肉店。提供宴会服务保障的都是大学生。一顿饭下来，每个人都满意地得到了大师们的亲笔签名。

“吃是艺术”流派的活动很多：从夏隆绪尔索恩（Chalon-sur-Saône）节日盛会上持续25天之久的19场宴席，到以传统天文肖像集为主题的饮食，还有一系列以游戏、反叛、机遇剧、嘲讽、讽刺、行为主义为标志的其他集会活动等大量场合。最后一场活动是为格里莫筹备的题为“草地下的午餐”的葬礼，这场葬礼的副标题是“实物画的葬礼”。此次活动以1983年2月卡地亚在茹伊昂若萨（Jouy-en-Josas）的落成仪式为契机，标志着该流派的终结、死亡和必然的埋葬。庆典就像是对史波利在饮食和烹饪领域全部成就的一次总结，重现了实物画的问世、杂货店物品的唯名论，身体经验的感觉论和享乐美食主义。

一百二十人应邀携带餐具参加了这场野餐：每个人通过选择或廉价或贵重、或陈旧或崭新、或张扬或低调的物品来表明自己的个性。菜单有施虐—受虐狂的色彩，菜单上有奶牛的乳房——一道瑞士和德国的特色菜，还有猪肠、猪下水、猪蹄和猪耳朵等。餐桌被安置在一些托架上，桌布是粉色的，庆典在一个巨大的壕沟旁完成。这个壕沟是挖来放置整套实物画装备的。用餐完毕，所有的东西都被埋掉。自此，在众目睽睽之下，腐化和死亡共同作用于残余的食物并从残羹剩菜中产生了浮雕。据说，冬天冰雪融化时，会在草地上发现不同温度下分解的痕迹，这些痕迹雕琢了积雪的外形并暴露出一种不规则的积雪融化方式。史波利虽然缺席了这场庆典，但他仍然诉说着死亡是生命以其他方式的继续这样一个道理，吃/被吃的循环与分解之间存在着一种完美的形而上学关系，它是对同一永恒回归（l'éternel retour du même）的表达。任何不甘心承认这点的人都为这种表达出了一份力。

死亡在那些享受宴会和美食的人们周围游荡，当人们吸收、消化、感到饥饿、口渴时，它便开始工作。因为机器通过粗暴的统治表明了它的要求和需求。欲望提醒人们关注身体的衰退。这种衰退在人们等待食物或缺乏食物时突显出来。格里荒唐的葬礼与史波利传授的下列知识相去不远，这种典型的知识就是：营养的过程是熵的显示器，它表明了作品的短暂易逝，欲望也是如此。它只能在不可持续的欲望满足中得以持续。在一种作用于身体和随之而来的满足感的灵感间往返的恒久游戏表明了生命运动之永恒。

当丹尼尔·史波利将有柄平底锅挂上墙时，他已经在一种流派中青史永驻。在他身后该流派依然活跃，并在彼得·奎贝卡（Peter Kubelka）对该流派孤单的坚守中得以升华。人们对这位艺术家的了解更多的是在电影领域，是有关他先锋派导演的记忆。还有一些人知道他是多么出色的音乐家以及他在全球各大音乐厅对巴洛克曲目的精彩演绎。然而对他厨师、烹饪理论家和实践家的身份以及他对烹饪和美术，尤其是音乐融合所做出的贡献则知之甚少。

在他眼中，烹饪书籍就好像记满人类才能和传统的乐谱。为了对抗工业生产模式以及这种模式对美学内容造成的后果，奎贝卡将电影、音乐和烹饪结合在一起，不是把它们作为必须的、受限制的活动，而是符合自由意志和愉悦逻辑的活动去实践。艺术家不再非得是那个充斥着统一规格的产品和统一规格的人生的世界的中转站，因为他要抵抗、要“独立”地存在，要像活动家一样行动。奎贝卡拒绝市场的命令和后果，他像一个自由的、唯一的、诚实的主体那样随心所欲地行动。无论哪个艺术家，如若想要极致地表达短暂一瞬所拥有的非同一般的属性，就要伴随着存在方案所要求的全部密度紧张地活着。

电影、音乐和烹饪是三门关于时间的艺术，人们无法对之弄虚作假。它们都要求对持续时间和时间在空间内的流逝的掌握，后者也即三维世界。因此，我们也可以将那些制作电影、谱写奏鸣曲或完成一道佳肴的艺术家定义为时间的雕刻师[1]。所以说，烹饪所需的食材和其他产品材料既属于经典的拼贴画范畴，也属于由时间专门指定的非物质范畴。在镜头之后，面对乐谱或在炉灶前工作并与时间之神（Chronos）对抗的其实是同一个人。这种对抗正如天使与魔鬼的对抗。

他们都自我暴露于大庭广众之下。第一种艺术是在观众所在的黑暗放映厅中上演。第二种艺术在听众满堂的音乐会剧院演出，而最后一种艺术的舞台则是在老饕们正襟危坐的餐桌旁。随后，在一种无人能够对抗，只

---

1 克里斯蒂安·勒布拉、彼得·奎贝卡撰写的《先锋派的经典》，巴黎Expérimental出版社，第177页参考资料。彼得·奎贝卡关于该主题的选读文本：《按照你的想法打蛋清》，作者达斯·李艾格斯伯格·考诗布诗，维也纳Orac et Mak出版社1988年版。《用来吃的意大利面建筑》，Alessi公司在Crusinallo的Pastario出版社1985年版。《作为形式艺术的烹饪》，作者奇比和里蒂，《研讨会行为》，1981年热内亚，1981年Alessi公司在Crusinallo的出版社。《论奎贝卡的作品》，见克里斯蒂安·勒布拉上述版本的参考资料。

能屈从于它的专制、命令和范畴的时光里，电影、音乐会和食物像诺恩斯[1]之线（le fil des Nornes）一般缓缓展开。最终，这一瞬间成了一种情绪、一种易逝的感受，记忆中的一线踪迹，不过是艺术家雕刻出又深入自身骨髓的一捧灵魂的香气。

彼得·奎贝卡希望通过他的美学实验实现肉体的转化并赞颂它的独一无二，而不是工业化促成的现代再生性幻影的节节胜利。奎贝卡反对为自由主义意识形态服务的技术期待并制造的单向度的人，他想要的是一个独特的主体，自身存在的活动者，自身形态的手工艺人和自己生命的艺术家。他想要超越让人类个体成为齿轮的异化，将人类从整个肉体中解放出来。根据这种观点，烹饪是一种重现自我的手段，尤其是通过一种感性雕塑工作重获自我的手段。每个人都既是主体也是客体：也就是在自我中发现运行的全部五感，而不是单纯凭借脑力和智力活着。

与电影和音乐相比，烹饪具有取悦那些最原始的感受的优势，至少无愧于它们的名声。嗅觉，鼻子和嘴巴，

1　北欧神话中的命运女神。

触觉和味觉曾是最初用来理解世界的模式，因为人类在满足于单纯地观察世界之前，很可能首先是靠嗅闻、品尝、触摸来了解出现在我们面前的物体的，而后来人类却任由眼睛负责提供所需的信息。人类之所以要把眼睛、视觉和视觉思考放到首位，是不再想与世界发生直接的、感觉上的接触。然而视觉从来都只是用来验证其他感觉的一种感觉：我们了解一切眼见的东西的味道，然而，除了几种满足饮食需要的材料外，我们已经不再品尝其他的材料。而饮食需要本身也被简化为了一种有用性。

我们观察只是为了不再品尝，彼得·奎贝卡反对的正是这一点。他想要通过烹饪教给大家：一个想要获取知识、想要了解任何一种物体的身体首先是一具五感齐备的肉体，它并不对各种价值进行区分或划分等级。教育应该瞄准被烹饪和美食实践激活的感官文化，因为与世界的真正关系与其说是一种脑力关系不如说是一种感性关系。感官生命死于缺乏刺激；如果能让身体在各种情感、认知和肉欲的模式中欢喜，感官生命即可获得重生。

在这一点上，做饭是推翻西方价值观的一项理想活动。同时，它也是一种为形而上学和真正的世界观预备的美学实践。彼得·奎贝卡直言不讳地肯定"烹饪实现了宇宙的饮食模型"，准备一道菜也是筹备一个世界。生存的质量与重点刺激的感官的质量有关：告诉我你喜欢的颜色和味道，我会告诉你你是谁，又渴望怎样的现实。结果是，彼得·奎贝卡一边在法兰克福美术学院教书，一边从1978年起作为艺术实践家全身投入这项活动。直到那时，他呈现了一种从未如此时髦的快乐的知识。作为厨师、艺术家、真理和玄学大师、诗人、哲学家，他把营养学问题置于存在问题的中心，在那里它将永垂不朽。

在尼采的设想中及其专业领域里，烹饪艺术总是以各种隐喻结尾。必死的人通过臣服于这些隐喻而成为另一种人类。烹饪艺术家为他提供了有关艺术和生活的知识。这些知识最终与他的整个身体、肉欲、器官、欲望和愉悦和解。面对存在无可争议的悲剧性，享乐主义天使成了唯一可以忍受的形象，成为在众多熵和虚无必胜的胜利证据中唯一可以寻求的力量。

烹饪艺术家从事的事业是辩证的。它赞美生命、身体和介于二者之间、作为美学中介的饮食。饮食介于欲望的深渊、口腹的不满和满足后的狂喜、填充后的愉悦之间。饮食问题是一个伦理学问题、美学问题、形而上学问题，甚至是本体论问题：每一个存在都是一次脆弱的出场、一个在等待死亡的同时发挥其全部热量的个例。在身体最初被构建时，死亡就对它发生了作用。它为那些精致的形式分配了每日的尸体定量。厨师是完成这场必要的、祛除熵的转化的手工艺人，或是艺术家。他在这场不断更新的悲剧中引入了各种愉悦。而愉悦从文化上掩盖了自然需求的力量，因为享乐主义总是对悲观哲学最恰当的回应。

从死亡出发形成生命的需要，为可供烹调、摆上餐桌的尸体提供活力的需要让厨师处于流动的悲剧中心。它的艺术是赫拉克利特式的，因为这种艺术遵照一种运动的、激浪的、永远从头再来的逻辑。那些在美术界享有牢固声望的人们也在帕尔梅尼（parménidien）的范畴内以一种静止、固定和永恒的姿态不懈努力着。厨师懂得为刹那付出持久的努力。他的命运是一场与时间、死亡、腐败和分解赛跑的游戏。在等待虚无永恒胜利的同时，他表达了人性的精髓：在死神塔纳托斯最终审判之前进行反叛和创造一些高贵的、享乐主义的和狂喜的形式的意志。人类的荣耀和伟大就存在于这种风度之中：尽管死亡是不可避免的，还是要创造那些美妙的、神奇的时刻来彰显转瞬即逝之美。当然，死亡一定会获得胜利，但至少生命未曾染上它的颜色，也未屈服于它的淫威。

后　记

一种扩大到肉体的哲学

那么，我们又该如何看待这只享乐主义的天使呢？我们最终只能看到他的飞羽、翅端或后背吗？就像《旧约》里的上帝总是怎样想方设法遮住他的脸部，而只给人们展示一个完美的臀部。还是只要最大程度地贴近那些消极的神学思想或是概念游戏？他会在何处徘徊？是否会突然撞见他呢？当然，在厨房里和其他地方一样，他都会留下自己的身影，因为他知道赫拉克利特的那句格言：神性就在炉灶不远处。所以，想必他也曾陪伴在堂·培里侬（dom Pérignon）、格里莫（Grimod）、挪亚（Noé）和布里亚（Brillat）、神农、卡汉姆（Carême）、达摩、克农斯基（Curnonsky）的身旁喽？那当然。那他也是澈好德（Chehodet）寺里的伊玛目、羽蛇神魁札尔科亚特尔（Quetzalcoatl）和炼金术士圣帕特里克的兄弟喽？当然也是。跟菲利亚（Fillìa）、史波利（Spoerri）和所有那些做饭、酿酒、让人们全身舒坦的人也很亲近喽？是的，一直都是。

在这团“美食家的理性”之火的余烬旁，他会教给人们些什么呢？无非两三点有关唯物主义、感觉主义、生机论和美学的道理。任何能量如果不经之前阶段的雕琢和塑造、其合理性不被意志所承认，那么它就无法被接受；享乐主义的形成离不开悲剧的根底和人必有一死这样一个事实的哲学。既然人是会死的，那么人也必然会老，知道时间造成的可怕后果，知道时间是死亡的同伴；餐桌上老饕的风度也像别处那样是“主体间性”（l’intersubjectivité）的变体；因此，从绝对意义而言，它也是一种政治；应该从视觉的快感中期待新的存在的可能性。这种存在的模式可以是一种选举产生的分子社会。在这种社会里，人们努力推行灵活的、契约式的享乐主义社团计划；比起那些合理或偏执的理智，尝过醉酒滋味的身体更懂得思考自身的局限和力量；那是一种源于酒神狄奥尼索斯的极端的情感，而狄奥尼索斯本人则是睡神修普诺斯及其兄弟——死神塔纳托斯最坚定、有力的敌人之一；美食学可以为所有这些期待和建议的实现提供一方天地，它可以是伦理学和美学融合的一处实验场，也可以为哲学提供一次将其行动和偏好的领域扩大至身体的机会。从享乐主义天使处，我们学到了这关键的一课，那就是：人和自身的感觉、身体、肉欲和肉体可以和解。这种可能性不仅是确凿无疑的也是恰逢其时的。

在观念的历史中，享乐主义当然也有一些亲戚：从安提尼西[1]（Antisthène）到马尔库塞（Marcuse）、从淫秽下流的诺斯替教派信徒到学富五车的放荡者、从崇尚“自由精神”（Libre Esprit）的男男女女到拉美特利（La Mettrie）、傅立叶和其他几位，我在别处[2]已经编织出这张家族网。但从我的第一本书起，一直为我提供思考素材的却是尼采。并非因为他是一位享乐主义者：他的全部著述甚至证明他恰恰与享乐主义背道而驰。他从享乐主义中只看到了疲惫不堪、堕落的症状以及病态的衰退。

1 古希腊犬儒学派代表人物。

2 见《享乐的艺术：论享乐唯物主义》（*L'art de jouir. Pour un matérialisme hédoniste*），Grasset 出版社 1991 年，“人物系列”口袋书，第 207—268 页“享乐主义的快乐知识”（Le gai savoir hédoniste）一章。

而是因为他是《快乐的知识》这本载入思想史史册的重要著作的作者。在这本书中，他明确提出哲学首先是一个“身体构造”问题，是一个有关身体和肉欲、血液和淋巴的问题。没有哲学家就没有哲学，没有肉体也就没有哲学家。身体无论是弱是强、是盛是衰，都是对生命的赞美，也都将走向死亡。肉体内遍布闪电般穿行而过的气流，那是如火山爆发、汹涌而出的生命力，那是激昂而又热情地燃烧着的肉体；又或是被死亡和怨恨烧焦的肉体，布满着灰烬和污泥，在泥地里打着滚儿、在苦行中饱受煎熬。两种肉体生成的是相辅相成的哲学：享乐主义的天使由第一种肉体构成，而禁欲者的肉体则属于第二种。

身体是孕育世界未来和世界观的子宫，因此，它是世间之所在，是世间本身。它就像一面棱镜，产生了同样多的现实和主体。翩翩起舞的各种存在的主体性中，只有星球各自旋转却从不相遇。它们只是擦肩而过、互相触摸、然后别离。只有四对舞和舞蹈术能够表达这种存在的本质。每个星球都遵照一种只属于它的方式运动，而这些可能的旅程总体上却殊途同归地指向两极：享乐主义或是禁欲主义。哲学同样也不过是对这种交替某种形式的阐释说明。

如果说身体是世界观自我绘制的专门场所，那么要想理解哲学就得首先研究这种会思考的材料的本质。也就是怎样的身体、怎样的“我”在思考？还是尼采准确而又不合时宜地表达了以第一人称方式讨论这一问题的必要性。而在他的论述中结合了忏悔与反思、自传和神学等多个方面。没有主体一连串的惊险离奇经历也就没有思想。一个系统就是一种升华，表现为痛苦、欢乐、对追求更好生活的无力、对毁灭的逃避和各种快感的收集。哲学庙堂的守门人不愿意人们记起这个最基本的真理：他们习惯于伪装、抹除和隐藏，让尸体从人们眼前消失而用各种代用品填补它们的空白。他们一边说“自我是可恨的”，一边又拼命地爱惜自己。

这些人发明的范畴被大部分人所接受：主体性的幽灵一旦出现就马上回归到文学范畴。这些柏拉图、康德等主义的看门狗在文学世界也有他们的联络人，一旦某个概念崭露头角，这些文学的掘墓人就把原因归咎于前者。一种永恒的往返运动将以第一人称书写的文字作品置于一种游牧生活的状态，而这种状态也正是作品发挥作用的前提：那些在阶梯教室或去往停尸房和公共墓地的中途笨手笨脚地举行仪式的不幸的注释者不能给它们的死亡带来任何乐趣。只有这些对书本大肆注释的“自我”才是“可恨的”。因为一部作品不仅仅是写来读的，也是写来体验的。而享乐主义天使就是劝导人们以另外的、其他的、不同的方式活着。总之是增加了一种用来滋养“外质”（ectoplasme）的概念。

因此，展露自己的身体与其说是不知羞耻的，不如说是真诚的。说出那些推荐给人们阅读的作品有着怎样的肉欲根基事关作者的诚实品质。过程与结果同样重要，它们之间有着相互解释、品评、说明的关系。“一生成一书，一书伴一生”（Une vie pour un livre, un livre par une vie），我一直赞成马拉美的这一目标。一位享乐主义的哲学家拥有怎样的肉体？一丝淫念源于何种肉欲？追求狂喜的主体又有着怎样的身体材料？显然，只能依靠一种荒唐的解剖学、一种能够记录最细微变化和最不易察觉的运动的去皮生理学才能找到答案。那接近火场燃烧物周围的独特的主体框架是极度脆弱的，但这也正是它的全部力量所在。

脆弱是因为童年从未背弃这个身体，它不断地对原因和动机产生怀疑。脆弱也是因为童年阶段的不安和热情以同样的强度和无度持久地存在。脆弱还是由于那个尚且柔软的灵魂遭受的痛苦和留下的累累伤痕顽固地不肯褪去。所以说，享乐主义的肉体是极度敏感的。有人认为这种敏感是病态的，因为他们那晒到古铜色的厚毛皮已经让他们忘记了哪怕最微小的存在也是会破碎的。细腻的狂喜、微妙的愉悦、精致的快感和敏锐的、达观的享乐主义都需要十倍于之的感觉和情感能力。

享乐主义天使引导人们进入的肉体是巧妙的。它是文化、环境以及与自然神秘互动的产物。一方面，我们对这样的肉欲无计可施，因为它是一种极其复杂的，能够躲避最敏锐的视线的炼金术的结果。另一方面，我们仍可以对它有所期待。也就是说，对它有所戒备、提高它的感受能力、体验一种高涨的自恋癖。这种自恋可以使意识通过自我回归，即：感知、感觉、情感作用于一种被截获和骗取的材料。听从自己的感受是体验愉悦关键而必不可少的前提。

所以说，这种超越常理的视觉、听觉、味觉、感觉和触觉能力非但不是脆弱的，反而是有力的。滋与味、香气与口感、图像与音乐、纹理与材质都是刺激童年回忆的力量。它们也是捕获感知并将之转化为情感，将混乱的感觉转变为和谐情感的力量。因为保留着童年的感性，享乐主义的身体可以使主体得以转变、协调。原始世界、刚刚诞生的宇宙和人类的最初岁月被保留、被超越，然后融入自然并生成性情、形式和风格。感知能力加享乐的意愿产生了对回返的享乐主义而言最根本的、了不起的威力。

在以愉悦为目的的实践中，文化是区分庸俗享乐主义和哲学享乐主义的标准。不是所有的喜悦都因其为喜悦就是好的。在这一点上，动物或许是最有智慧的，它们或许会对“智慧”做出最完备的阐释，但它们现在的表现却是庸俗享乐主义，那就是一种无忧无虑、没有伦理也没有美学标准的粗暴的享乐状态。可以说，我真的认为没有意识的享乐只是灵魂的毁灭。动物的发情和被啃噬的草木、野蛮的交配和被动物撕碎的猎物当然不能不说是对动物自身的一种满足，但却绝不属于伦理、美学和享乐主义范畴。关于这个话题，还可以更进一步地说：色情之于性欲正如美食之于膳食——是一种灵魂的补充。而只有当这种灵魂的补充、这种加入狂喜的感知发挥作用时，愉悦才算真正进入了享乐主义的领域。这是对世界、他人、现实和自身所处环境以及万物之间的互主体性的感知。庸俗享乐主义是唯我论的，它是以唯我的方式被实践和需求的。之所以称之为庸俗的，还因为它忘记或忽略了他者，甚至以牺牲、利用和剥削他者为手段。而哲学的享乐主义则为他者考虑，不是安于现状，而是试图在自我与他者之间建立一种和谐、成功的关系。前者只为自己着想，而后者则是将一种伦理学纳入经济学当中。关于这种伦理学的属性我在别处有所论述。[1]

那么享乐主义天使又在所有这些之中有何表现呢？我希望人们能更好地看清他的样子，改变传统的天使学言论所描述的犬儒主义者和雇佣兵的混合体形象。他其实是诗人和使者、哲学家和艺术家的混合体。有血有肉、有肉欲、有性欲、文雅、高雅又敏感的他懂得体贴别人、为别人考虑。作为超感性的典范，他想要彰显感觉的力量、感知能为我们提供什么，又是什么构建了我们的情感。强壮的他品尝着力量的味道同时又厌恶暴力，因为他知道，力量是唯一可以用来像塑造艺术品那样塑造存在、命运和身体的工具。全知的他懂得父亲花园里的草

---

1 《自我雕塑：美学道德》(*La sculpture de soi. La morale esthétique*)，Grasset出版社，“人物”系列，1993年版。

莓与伊康城堡（Yquem）[1]的第一批新酒具有同样的魔力。每一个有母亲下厨或在摇篮边哼唱的地方；每一次父亲抚摸孩子的时刻，他都在场。每一次手与手的紧握、唇与唇的触碰、爱与关怀、温情与甜蜜的手势、动作被见证、交换的场合，他在。餐桌旁、炉灶边、厨房内、储物间，他彻夜不眠。

他钟爱葡萄酒而对圣水不屑一顾；他害怕焚香的气味而对被爱戴者散发出的香气情有独钟；他钟爱天空，只是因为腾云驾雾可以使他迅速往返于大地的两极。而大地才是生命铺展之所在，所以大地才是根本之所在。多亏他，人们眨眼间便有了最高级的情感、无比快乐的沉醉、奢华又易逝的饮食、雕琢过的能量、被赞美的风度、受推崇的活力和期待中的狂喜。作为那些不复存在的天堂里禁果的品尝者，他的座右铭是“及时行乐”。我认为我们值得为他献出生命，这样，当死神塔纳托斯高唱凯歌时，他能收入囊中的只有一具燃烧到最后一息火焰的肉体。

---

1 法国波尔多葡萄园，位于索泰尔纳镇。

致　谢

出于多种原因，我都要感谢让娜·高赛，当然还要感谢吕西安·杰法尼翁。他们知道原因。

图书在版编目(CIP)数据

美食家的理性/(法)米歇尔・翁弗雷著;管宁宁,钟蕾莉译.—上海:上海人民出版社,2017
书名原文:La Raison Gourmande
ISBN 978-7-208-14306-7

Ⅰ.①美… Ⅱ.①米… ②管… ③钟… Ⅲ.①饮食-文化 Ⅳ.①TS971.2

中国版本图书馆 CIP 数据核字(2017)第 020454 号

责任编辑 赵 伟
装帧设计 朱鑫意

美食家的理性
[法]米歇尔・翁弗雷 著
管宁宁 钟蕾莉 译
世 纪 出 版 集 团
上海人民出版社出版
(200001 上海福建中路 193 号 www.ewen.co)
世纪出版集团发行中心发行
上海商务联西印刷有限公司印刷
开本 787×1092 1/32 印张 10 插页 3 字数 152,000
2017 年 7 月第 1 版 2017 年 7 月第 1 次印刷
ISBN 978-7-208-14306-7/B・1249
定价 36.00 元